CITY LIFE SOUL

百年『巨富长』

建筑中的人文与历史

曹嘉明 著

田方方 摄影
艾 侠 统筹

 上海科学技术出版社

图书在版编目（CIP）数据

百年“巨富长” ：建筑中的人文与历史 / 曹嘉明著 ；田方方摄影. -- 上海 ：上海科学技术出版社，2024. 8.
ISBN 978-7-5478-6751-8

Ⅰ. TU-092

中国国家版本馆CIP数据核字第20243VJ512号

百年“巨富长”——建筑中的人文与历史

曹嘉明　著

田方方　摄影

艾　侠　统筹

上海世纪出版（集团）有限公司
上 海 科 学 技 术 出 版 社　出版、发行
（上海市闵行区号景路 159 弄 A 座 9F-10F）
邮政编码 201101　www. sstp. cn
上海雅昌艺术印刷有限公司印刷
开本 787×1092　1/32　印张 6.25
字数 100 千字
2024 年 8 月第 1 版　2024 年 8 月第 1 次印刷
ISBN 978-7-5478-6751-8/TU · 354
定价：72.00 元

CITY LIFE SOUL

A Century of Julu-Fumin-Changle Communities

Architecture, Humanities, and History

Written by Cao Jiaming

Photography by Tian Fangfang

Coordinated by Ai Xia

上海科学技术出版社

常
熟
路
巨
长
华
亭
892 号 -868 号
8 号
889 号
席家花园（饭店
10 号
陶善钟故居
（现上海歌剧院）
90 号
实验小剧场
（现东芝大厦）
1-4 号 派司公寓
111 弄
113 弄 善钟里
常熟路小学
102 号 -120 号
荣康别墅
796 号
刘氏住宅
800 号
周信芳故居

富
路
786 弄 光华里
820 弄 景华新邨
852 弄
鹿
819 弄
845 弄
69 号
福民会馆
197 弄 古柏小区
148 弄 -172 弄
富民新邨
1 号 原荣宅
(现上海市人民政府参事室)
民
182 弄 裕华新村
259 号
271 号
210 弄
路
合众图书馆
774 弄 南华新邨
764 弄 长乐新村
路
乐
三角花园
东
湖
路

“巨富长”地块鸟瞰图（从南向北看）
高层建筑群为会德丰广场、静安嘉里中心和恒隆广场

评论

当历史在细腻的时空之中闪烁

艾　侠

总体来说，上海这座城市容易被误解为以“成功学”为主要导则的“势利”之地。在上海滩，一旦成功，往往留下传奇；一旦失败，往往落魄暗离。一百多年来，这里上演的无数故事，似乎也就这两种基本型。

在城市风貌和区位上，能表达上海之“成功”的地方有很多：高楼集聚的陆家嘴、地处香火闹市的静安寺、拥有浦西第一高楼的徐家汇、天下枢纽之虹桥商务区……它们让居住和工作于此的人们都以为自己生活在城市的中心。每个夜晚，天际线上闪烁的霓虹灯和酒店里热闹的聚会，仿佛在表达电视剧《繁花》里那句调侃的台词：经常庆功，就能成功。

然而，当我们问及那些自信、自觉融入上海，或者有足够的品位和时间细细品鉴上海的人群，究竟什么样的地方才是上海的灵魂？他们或许会告诉我们另一个名字："巨富长"。

什么巨？什么富？什么长？外地人未必听得懂，旅游大巴未必会停在这里。但是，老上海人都知道，这是历史上的"法租界"，这是巨鹿路、富民路、长乐路、常熟路所围合的街区简称，是上海从"小资"到"老资"文化社群内心中的白月光。我至今不能理解的倒是，四条路之一的常熟路没有进入简称之中，可能"常"与"长"同音，取一即可，也或许有其他原因，总之"文化"这个东西有时不太严谨，但定有涵义之倾向。

谐音而言，"巨"意喻大运（福报），"富"可为富足（财富），"长"亦比长寿（健康）。这三个汉字，恰巧与中国古代经典文化中所追求的"福""禄""寿"三个字代表的"成功学之原型浓缩"逐一对应。因而从字面意义，这个地块又容易再次被误导成外地人眼中"虚荣势利"的上海文化缩影。

事实上，与陆家嘴、新天地、徐家汇地区的超级叙事相比，“巨富长”这个城市空间并无特别惊艳之痕迹。整个街区尺度大约在 300 米 × 400 米，也就是约 12 公顷的规模，上海有些住宅小区的规模都能与之相比。所以，它首先并不“巨”。

至于“富不富”，此地紧邻静安寺商圈，房价肯定不便宜，但因为大多是百年旧屋，真实的售价也肯定远不及汤臣一品、复兴珑御之类新时代豪宅。从本书的实景图可以看出，这里依然居住着很多普通市民，并非是功成名就的富甲之地。

再说“长不长”。在历史维度上，上海整体其实也就百年左右的发展历史。相对于外滩所代表的事业之追求，四行仓库所代表的抗战之记忆，“巨富长”地区并未发生过惊天动地的历史事件，它昔日的存在仅仅是“随着经济的繁荣和人口的扩充，租界房地产迅速发展所导致的中国最早实现商品化住宅的城市街区”，而即使如此，这里也的确积累了丰富的人文故事。

“巨富长”，这个地方天生就是关于生活的。生活是细腻的场景，不是事件化的历史沉积。上海人偏爱“巨富长”，或许是因为此处传递着某种建筑学意义上节制的“尺度感”和文化意义上的“品位气场”，两者结合，弥漫出不可否认但绝非受限的“小资”情调。这片街区内部四通八达、和谐交织，形态上大体是上海新式里弄及其衍变，辅以适度但节制的西洋古典风貌，是跨越百年的城市化缩影。仅以“巨富长”区域中的长乐路而言，曹嘉明先生写道：“马路两边的梧桐树，春季长在枝干上抽出的嫩叶沐浴着和煦的阳光，夏季宽大的绿叶形成的绿荫华盖遮住了街面。”如今，我们每一天都会看到大量的年轻人在此拍照发圈，时装杂志在此取景，时尚主播在此直播带货，个性化的咖啡店和小街铺总是坐满或许并不富有但言行和穿着颇为考究的人士，而且国际化程度非常高。

是的，上海这个城市有着太多的“小资”、太多的时尚、太多的过客、太多的浮华、太多的“成功学”想象，而如果我们有足够的时间去研究和消化“巨富长”区域的空间意义，我们会发现一个非常本原的上海，一个去掉“成功学”外衣、安安静静属于自己的上海。

我们时常可在各大书店翻阅到介绍上海老城区、老洋房建筑的相关书籍，有些颇为精妙，有些则较为笼统。而本书的一大特征，是由资深建筑人士结合自身生活体验所描述的城市空间考据，它在三个方面具备着阅读上的不可替代性：

其一，本书揭示了上海城市在历史变迁之中的朴实一面。相对于租界曾经的繁荣和浮华，“巨富长”细腻的城市街区朴素地留存至今，令每个探访者感到触动。这里仿佛是从新世纪

“掉队”的区域，任何上海大张旗鼓的开发运动均与此无关，但这里又是最受国际化社群欢迎的区域，任何一个“上海玩家”都乐意选择在此地漫步，甚至居住。本书将让业界真正认识到这个区域的重要性，其收录的图片均由作者曹嘉明以及建筑摄影家田方方拍摄，是一种“去掉妆底”的朴实写照。

其二，这本书带有作者强烈的个人记忆和体验共享。在担任上海市建筑学会理事长、华东建筑设计院领导职位之前，曹嘉明先生首先是一个地地道道的上海人，一个学习建筑学的上海人。本书描绘的区域，是城市的一段历史，也是作者童年和青春的生活舞台。通过对具体城市场景的复写，读者可以感受到作者对这片街区的深情，亦能体会到这四条马路的价值传递。正如书中提及，当年上海的城市版图发展有限，租界是最宝贵、最国际化的生活社区，尤其对知识阶层的吸引力巨大，今日依然如此。

其三，这本书对建筑学和文化人类学意义上的详实考据令人信服。比如书中写道：在富民路和长乐路转角处的上海历史文献图书馆，位于长乐路 746 号，它的建筑前身是由叶景葵、张元济、陈陶遗于 1939 年联合创办的私立合众图书馆，陈叔通、李拔可等人后来陆续加入，后又聘请已在燕京大学图书馆任职的顾廷龙返沪任总干事。创建合众图书馆的缘起是在上海抗战孤岛时期“沪上迭遭兵燹，图书馆被毁者多”，三人便发起创办私人图书馆，“谋国故之保存，用维民族之精神”，用以收集社会上的遗散图书和私人藏品。这些文化设施显然影响了作者童年的生活氛围。

再如，长乐路 764 弄长乐新村（上海市第三批优秀历史建筑）原先的名字叫杜美里，和长乐路的旧名杜美路相关。它是 1930 年建造的新式里弄，共有 4 排 28 个单元，呈非字形左右对称排列，砖混结构总高为 4 层，每个单元均有小庭院，底层层高较低北面设汽车间和厕所，南侧设厨房，二楼以室外楼梯直接进入客厅，是为典型英式居住方式，南立面二层中间开间呈半圆形前凸三联窗，整体为地中海建筑风格。也可见上海近现代社会高端社区与欧美生活方式的同步化响应。

以及，从常熟路转进到巨鹿路，一排英式花园住宅正是匈牙利建筑师邬达克刚到上海（1919—1920）在克里洋行工作时承担设计的万国储蓄会的 22 幢住宅（至今留存了巨鹿路 852 弄 1 ~ 8 号、10 号、868 ~ 892 号，上海市优秀历史建筑）。常熟路 113 弄（上海市优秀历史建筑）旧时也称善钟里，善钟里是以早年的常熟路名善钟路为名，而善钟路则是以原来土地的主人陶善钟命名，是常熟路上最富有历史人文故事的一条里弄。作者的这些考证，是一系列细腻的城市解剖，类似我们当下流行的City-Walk（城市漫步）、Block-dissection（街区丈量），它是对曾经的城市空间语法的文学性复读。

不论时代如何脉动，“巨富长”地区从来不是上海的潮流之巅，它更像是这座城市灵魂深处的一抹底色。至今，这个区域没有出现一座强烈耀眼的新建筑，也没有出现任何令人惊异的空间刺激，但人们依然热爱“巨富长”，并以对此地的偏好和接近，来表达与上海城市历史文化品位的心理同步。

最后，我想感谢曹嘉明先生对我的信任和期许，让我参与统筹这本书的编写和出版。建筑不是时尚，建筑界发生的事情往往需要十年以上才可评估其真正的价值。曹嘉明是一位令人敬重的师友，他为中国当代建筑、为上海这座城市做过的诸多贡献，需要且值得我们用长线的时间去欣赏和考量，本书便是其中之一。当我们漫步在“巨富长”，当金色的阳光透过树叶照射在地面上仿佛是跳跃着的星光，我们就会发现：历史依然在细腻的时空之中闪烁。

本文作者艾侠先生是国内知名的建筑文化研究学者，中国建筑学会建筑评论学术委员会理事、国家一级注册建筑师、国家一级注册结构工程师。近十年来，他为多家设计单位担任长期的研究顾问，也为长三角多个城市策划过多次学术事件和国际设计竞赛。

Comment

History Shines in the Nuances of Time and Space

Ai Xia

The city of Shanghai has often been mistaken for a place perceived as snobbish due to its emphasis on the so-called "science of success". Indeed, there are many places that symbolize the "success" of Shanghai, and people living or working there all consider themselves to be at the heart of the city. However, when we ask those who assimilate themselves into Shanghai with confidence and self-awareness, or those who have enough time and appreciation to truly enjoy the city, "what kind of place do they consider to be the soul of Shanghai?", one possible answer would be the Julu-Fumin-Changle Communities.

Julu-Fumin-Changle Communities is about life itself. Life is composed of nuanced scenes, not historic events. The reason for the Shanghainese taste for Julu-Fumin-Changle Communities was probably its combination of "the sense of scale" in terms of architecture and "the taste and atmosphere" in terms of culture, which expresses, but is not limited by, an undeniable sense of petite bourgeoisie. The interior of this area is crisscrossed by streets and alleyways; the houses are generally of the new style lilong or its developments, but are also complemented by a moderate addition of Western houses, which encapsulate the century of urbanization in Shanghai. Nowadays, the distinct cafes and small shops are always filled with people who are probably not that rich but well-educated and well-dressed, many of whom are foreign visitors.

Indeed, the city of Shanghai is burdened with too many "petite bourgeoisie," too much fashion, too many tourists, too much vanity, and too much imagination of "science of success."

However, if we spend some time researching and digesting the spatial meaning of Julu-Fumin-Changle Communities, we will uncover a genuine, peaceful, and untouched Shanghai, untouched by the “science of success.”

Books on historic districts and houses in Shanghai can be easily found in any local bookstore. Some of these books are fabulous, while others may not be so well-written. However, a unique feature of this particular book is the historic research conducted by a professional architect who also had personal living experiences in the communities. Its uniqueness lies in the following three perspectives:

Firstly, this book uncovers the more unpretentious side of the historic city of Shanghai. Compared to the prosperity and vanity of the former foreign concessions, the nuanced urban spaces of the Julu-Fumin-Changle Communities have survived until today. This area has remained untouched by any high-profile urban redevelopment projects in Shanghai, yet it is highly popular among the international community. Any “Shanghai insider” would be delighted to take a stroll in this place and even consider living here. This book will undoubtedly make planners and authorities truly appreciate the significance of this area.

The photos included are all taken by the author, Cao Jiaming, and architectural photographer Tian Fangfang, and offer faithful portrayals of the area without any "makeup" or embellishment.

Secondly, this book is imbued with the author's own memories and shares his personal experiences. Mr. Cao Jiaming is a native of Shanghai who studied architecture. The area portrayed in his book is both a record of history and a place where he spent his childhood and adolescence. Through the reconstruction of specific scenes with words, readers can share the author's deep love for the communities and appreciate the significance of this area enclosed by the four roads. Shanghai was a fledgling city in the early 20th century, and the foreign concessions were the most esteemed and internationalized communities, particularly attractive to the literati. They remain so today.

Thirdly, the historical research in this book is convincing from both architectural and cultural anthropological perspectives. For example, it mentions that the Library of Historical Archives at the corner of Fumin Road and Changle Road (No. 746 Changle Road) was originally the privately established Hezhong Library, founded by Ye Jingkui, Zhang Yuanji, and Chen Taoyi in 1939. For another example, Changle New Village in Lane

764, Changle Road, was originally named Dumei Li, after Route Doumer, as Changle Road was originally part of Route Doumer. Changle New Village is a new-style lilong community originally constructed in 1930 and had 28 units arranged symmetrically in four rows. In each unit, there was a small courtyard, and the height of the ground floor was relatively low. The garages and restrooms were arranged on the north side, the kitchen on the south, and the living room on the first floor was accessible through a staircase outside the house. These were typical design features of British townhouses and represented the adaptation to Western lifestyle by high-class residential communities in modern Shanghai. The author's research is both an analysis of the city and a literary reconstruction of past urban spaces.

No matter how the times change, the Julu-Fumin-Changle Communities area has never been at the forefront of Shanghai's trends. It is more like a backdrop lurking deep in the soul of this city. So far, there has not been a single powerful and dazzling new building in this area, nor has there been any eye-catching spatial stimulation. However, people still love the Julu-Fumin-Changle Communities and express their appreciation for the history and culture of Shanghai through their preference for and visits to this place.

Last but not least, I would like to express my gratitude for the trust and expectations of Mr. Cao Jiaming. Architecture is not fashion, and the real value of architecture may take up to ten years to express itself. When we take a stroll in the Julu-Fumin-Changle Communities and see the golden sunlight filtered through the leaves, reflected on the pavement like twinkling stars, we may realize that history still shines in the nuances of time and space.

(The author, Ai Xia, is a well-known researcher of architectural culture in China and the director of the Academic Committee of Architectural Criticism in the Architectural Society of China.)

前言

1843 年上海开埠之后，西方殖民者开始沿黄浦江西岸建设西侨居住地。到 19 世纪末上海已成为中国最大的港口和通商口岸。20 世纪初由于港口贸易的发展，资本大量地流入，人口也急剧地膨胀，城市化得到了大规模的扩张。这一阶段上海租界也经过了几次扩展：1899 年公共租界西扩延伸到静安寺，向东延伸到杨树浦路底，总面积约 22.3 平方公里；1914 年法租界扩展西界延伸到今天的华山路，南界延伸到肇家浜路，面积约 10.1 平方公里，两租界总面积达 32.4 平方公里。而 20 世纪 30 年代上海市区的总面积仅有 40 多平方公里，租界面积竟占市区全部面积的 2/3 左右。此时，上海行政市域面积达到 527 平方公里，人口约 270 万。正因此，上海也成为东方最具吸引力的城市。

随着经济的繁荣和人口的扩充，租界的房地产也迅速发展，上海也成了中国最早实现住宅商品化的城市之一。“巨富长”地区就是在这样的历史背景下形成的。

“巨富长”，指的是巨鹿路、富民路、长乐路、常熟路这个约 1.2 平方公里的地块。这里是静安区最南部的一个区域，长乐路以南即是徐汇区。这个地块历史上曾是上海的“法租界”，在优越的环境中，具有高品质居住条件、兼容着中西方生活方式的大批花园洋房、联排别墅，吸引着当时社会上的中高阶层人士。

这里有着从上海石库门联排演化而来的早期新式里弄，也有着英式大坡顶建筑住宅，充满地中海风貌和现代神韵的花园洋房等丰富多彩的建筑群。长乐路北向和巨鹿路基本上是花园住宅与新式里弄分布，而富民路和常熟路沿街公寓洋房与里弄排列而就，建筑与道路尺度适宜，郁郁葱葱的梧桐与洋房相得益彰。“巨富长”内部里弄四通八达，相互交织，形态上是典型的上海新式里弄，西式洋房和传统建筑并存，在繁茂的绿化丛中那星星点点的褚红瓦屋顶和曲径通幽的弄堂里，还隐藏着尘封了一个世纪以来历史人文的诸多故事。

我出生在长乐路南华新邨（上海市第五批优秀历史建筑）。长乐路旧时有多个旧路名，如蒲石路等。我们的院子围墙沿着长乐路路边人行道，斜对面就是 20 世纪 80 年代至 90 年代末曾经是“上海服装第一街”的马路市场华亭路。那时的华亭路，比长乐路还要安静，两边的洋房一直延伸到淮海中路。我 11 岁时，学骑自行车就是在华亭路上学会的。小时候也没有觉得什么特别，就是感到这个地段特别幽静，出门就是长乐路，没有汽车。最吸引人的就是马路两边的梧桐树，春季长在枝干上抽出的嫩叶沐浴着和煦的阳光，夏季宽大的绿叶形成的绿荫华盖遮住了街面，秋季一片金灿灿映衬着蓝天，冬季斑驳的树皮和露出的白色枝干美得像一幅画。每当金色的阳光透过树叶照射下来，地面上都仿佛是跳跃着的星光，空气好像是透明的，充满温馨而甜蜜的感觉。

从南华新邨朝北走就穿到了常熟路 113 弄——原来的善钟里，朝西走可以走到常熟路。朝东走又可以穿到长乐新村、裕华新村、富民新邨至富民路。整个地块内部的主里弄和支里弄条条相扣，路路相通，建筑风格各异，空间变化极其有趣。里弄是人们的生活空间，是左邻右舍的交互空间，更是孩子们玩耍的天堂。特别是到了周日（礼拜天），串街走巷的吆喝声此起彼伏，有收旧货的，有磨刀磨剪子的，补锅补盆的，有卖小吃的，甚至还有牵着一匹马卖马奶的……形成了一道浓浓的生活景象。

今天，街道和里弄的肌理基本上没有改变，房屋还是那些房屋，但是里面居住的人已经变化了，除了原来的孩童成了今天的长者，更多的是外来的新主人。不少房子缺少修缮，透出一股怀旧的悲情。曾几何时，这里沿街开了许多时尚的小店和酒吧咖啡馆，时髦的装饰与时代共情，俨然成了一个热门的时尚打卡地，一个弥漫着“小资”情调和怀旧色彩的区域，成了仰慕和体验上海品味生活的世俗之地。

作为出生并在此度过了青少年时代的笔者，“归来仍是少年”，往日岁月在生命中的烙印依然清晰……

Preface

After the opening of Shanghai as a treaty port in 1843, Western colonizers began to build settlements along the west bank of the Huangpu River. By the late 19th century, Shanghai had become the largest treaty port in China. With the development of the port and trade, the influx of capital, and the growth of population, the urban area of Shanghai expanded rapidly in the early 20th century. The foreign settlements also underwent several expansions at this time: in 1899, the International Settlement was expanded to Jing'an Temple in the east and the terminal of Yangshupu Road in the west, with a total area of 22.3 km^2; in 1914, the French Settlement was expanded to Huashan Road in the west and Zhaojiabang Road in the south, with a total area of 10.1 km^2. The combined area of the two foreign settlements totaled 32.4 km^2, comprising about two-thirds of the built-up area of Shanghai in the 1930s, which was only around 40 km^2. By the 1930s, the total area under the jurisdiction of Shanghai reached 527 km^2, with a population of approximately 2.7 million. Shanghai had by then become the most attractive city in the East.

With a booming economy and growing population, the real estate market in the foreign settlements developed rapidly, and

Shanghai was one of the first cities in China where housing became a commodity. The Julu-Fumin-Changle Communities was built under such historical circumstances.

Julu-Fumin-Changle Communities refers to the approximately 1.2 km^2 area surrounded by Julu Road, Fumin Road, Changle Road, and Changshu Road. This is the southernmost area of Jing'an District, with the areas to the south of Changle Road belonging to Xuhui District. This area once belonged to the French Settlement in Shanghai, and the large number of detached houses with gardens and townhouses situated in wonderful environments, providing high-quality living conditions and combining Chinese and Western lifestyles, attracted high and middle-class residents.

In this area, there are some early examples of new-style lilong houses, which evolved from the shikumen houses indigenous to Shanghai. There are also various foreign-style houses, like the English country houses with large gabled roofs and Spanish-style or modernist detached houses with gardens. Detached houses and new-style lilong are generally located along Julu Road and the north side of Changle Road, while modern apartment buildings, as well as detached houses and lilong, exist on Fumin Road and Changshu Road. In both areas, the sizes of the buildings and roads are human-scaled, and the plane trees are a perfect match for the historic buildings. The alleyways in the Julu-Fumin-Changle Communities area are tightly knitted and interconnected, and the architecture features the coexistence of the indigenous new-style lilong houses, Western-style houses, and traditional buildings. Furthermore, many stories from the past century are also concealed within the deep alleys and under the red tile roofs hidden behind the greenery.

I was born in Nanhua New Village on Changle Road. Changle Road used to have a number of old names, such as Rue Bourgeat. Our yard wall ran along the sidewalk of Changle Road, diagonally opposite Huating Road, which was once the largest open-air cloth market in Shanghai from the 1980s to the end of the 1990s. But during my childhood, Huating Road was even quieter than Changle Road, with houses lining both sides stretching all the way to Middle Huaihai Road. When I was 11 years old, I learned to ride a bicycle on Huating Road. As a child, I felt that this area was unusually quiet, with no cars around. The most attractive feature was the plane trees lining both sides of the road. Whenever the golden sunlight shone through the leaves and was reflected by the pavement, it was like twinkling stars, and the air seemed transparent, full of warmth and sweetness.

If you go north from Nanhua New Village, you will pass through Lane 113 and Changshu Road (formerly Shanzhong Li); and if you go west, you will also pass through Changshu Road. If you go east, you can pass through Changle New Village, Yuhua New Village, and Fumin New Village to reach Fumin Road. Within the entire area, the main lanes and branch lanes are intertwined and connected, featuring diverse architectural styles and extremely interesting spatial variations. The lanes serve as living spaces for people, interaction areas for neighbors, and paradises for children to play. Especially on Sundays, there is a lot of yelling and shouting in the streets and alleys.

Today, the texture of the streets and lanes, as well as the houses, is basically unchanged, but the residents have changed. Besides the aging of the locals, many new residents have moved in and become the owners of the houses. Many of the houses are in need of repair, revealing a nostalgic sadness. Gradually, many fashionable stores, bars, and cafes have opened along the streets here, with trendy decorations, making it a fashionable place to visit and post about on social media. It is an area filled with a sense of "petit bourgeoisie" and nostalgia, and a secular spot to admire and experience the tasteful life of Shanghai.

As the author who was born and spent my teenage years here, whenever I return to this place, I feel like I am that boy again, and the imprint of those past years in my life is still clear...

“巨富长”地块位于静安寺、延安中路以南

目录

长乐路

常熟路

巨鹿路

富民路

Contents

Changle Road

Changshu Road

Julu Road

Fumin Road

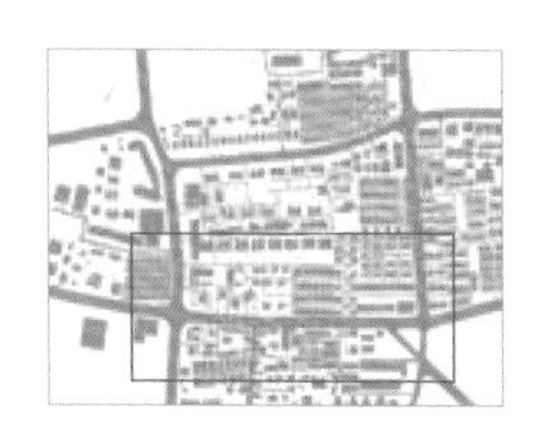

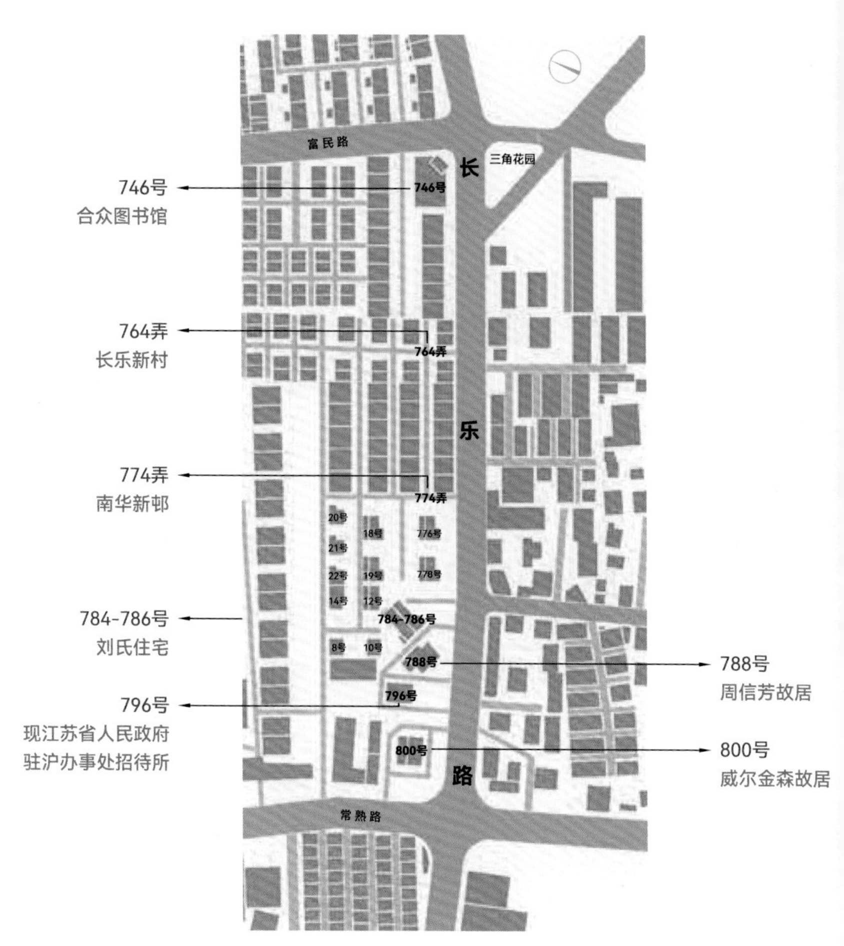
富民路
长
三角花园
乐
路
常熟路
746号
合众图书馆
746号
764弄
长乐新村
764弄
774弄
南华新邨
774弄
20号
18号
776号
21号
22号
19号
778号
14号
12号
784-786号
刘氏住宅
784-786号
8号
10号
788号
788号
周信芳故居
796号
796号
现江苏省人民政府
驻沪办事处招待所
800号
800号
威尔金森故居

长乐路示意图

长乐路 / *Changle Road*

从富民路长乐路口至长乐路常熟路口有大约 400 米的长度。富民路长乐路口面对的是 5 条马路交会处（富民路、长乐路、延庆路、东湖路、新乐路）的中心绿化地带。我们小的时候一直把这里称为“三角花园”，因为它垂直于富民路又平行于长乐路，斜向与东湖路并行。据史料记载，当年的蒲石路（今长乐路）到此结束，而杜美路（今东湖路）由此西向一直到善钟路（今常熟路）。斜向的东湖路是我们去淮海路或者东湖电影院看电影的必经之路。三角花园是孩子们的戏耍之处，清晨时有许多老人划拳做操，耍枪弄棒。七八岁时我被这里的“习武风”所吸引，随后就不自觉跟着操练了约半年时间。记得师傅是一位已经 80 岁的白胡子老头，但是打起拳来踢腿跳跃毫不含糊，自我介绍当年曾当过北洋军阀曹锟的保镖。此后每每经过，还想起往日的场景。今天在三角花园中间矗立着国歌的词作者田汉的塑像，可能是 1927 年田汉曾住在蒲石路（今长乐路）的缘故。

Changle Road

The distance between the intersection of Fumin Road and Changle Road and the intersection of Changle Road and Changshu Road is about 400 m. Opposite the intersection of Fumin Road and Changle Road is a crossing consisting of 5 roads (Fumin, Changle, Yanqing, Donghu, and Xinle), with a green space in the centre. When we were young, this area was called the "Triangular Garden" because it was perpendicular to Fumin Road, parallel to Changle Road, and intersected by Donghu Road. According to historic accounts, Rue Bourgeat (today's Changle Road) of the French Settlement terminated here, while Route Doumer (today's Donghu Road) began here and led to say zoong route (today's Changshu Road). We always crossed Donghu Road on our way to Huaihai Road or the Donghu Cinema. The Triangular

Garden was a playground for children, but there were also many elderly people exercising or practicing martial arts. When I was seven or eight, I was fascinated by the martial arts practitioners and followed their exercises for about half a year. My master was an old man in his eighties with a white goatee, but he was an excellent martial arts practitioner, and he told us that he had once been a bodyguard of Cao Kun, a famous warlord from the 1910s and 1920s. Since then, whenever I passed that area, it would remind me of those times. Today, a statue of the musician Tian Han, who wrote the national anthem of the People's Republic of China, is located in the centre of the Triangular Garden. This is probably because Tian Han once lived on Rue Bourgeat in 1927.

长乐路（由西向东看）

三角花园

合众图书馆

在富民路和长乐路的转角处是上海历史文献图书馆，位于长乐路的746号，是“合众图书馆”的所在地。由叶景葵、张元济、陈陶遗联合创办的私立合众图书馆，于1939年成立。陈叔通、李拔可等人后来陆续加入，并聘请已在燕京大学图书馆任职的顾廷龙返沪任总干事。创建合众图书馆的缘起，是在上海抗战孤岛时期“沪上迭遭兵燹，图书馆被毁者多”，私人藏书又因战乱而大量流失。叶景葵等便发起创办私人图书馆，提出“命名合众者，取众擎易举之义”“谋国故之保存，用维民族之精神”，收集社会上的遗散图书和私人藏品以及历史文献。

叶景葵购下蒲石路和古拔路口（今长乐路和富民路）的地皮，建设用地分为三部分，

上海合众图书馆鸟瞰

东部为馆舍、中部为空地、西北部为住宅，聘请了华盖建筑设计事务所陈植建筑师设计。

合众图书馆于 1941 年竣工，是一座三合院布局的砖混结构二层现代建筑（1957 年加盖了一层），转角处的塔楼为三层，入口内凹，上部有三联式长方窗，中间立壁柱，顶层为阁楼。立面以水平线条作为装饰，绿色坡屋顶，水泥拉毛墙面。建成之后也成为上海名流荟萃之地，经常光顾图书馆的有马叙伦、于右任、周谷城、胡道静、吴湖帆、胡适、顾颉刚、郑振铎、钱锺书、郭绍虞等海内外硕儒、文史大家。

上海解放后，1953 年合众图书馆董事会将馆藏文献及馆舍捐给上海市人民政府，1955 年 2 月更名为“上海市历史文献图书馆”，后并入上海图书馆。顾廷龙一直担任上海图书馆馆长、名誉馆长，直至 1998 年逝世为止。

由于图书馆离我家很近，小时候图书馆时而会开放，星期天会在父亲的带领下走进图书馆徜徉，也许曾与这些大家擦肩而过也未可知。

上海合众图书馆

长乐新村

合众图书馆的西向是富民路210弄的沿街花园住宅，紧邻着这些沿街花园的住宅即是长乐新村。

长乐路764弄长乐新村（上海市第三批优秀历史建筑），是新式里弄。它原先的名字叫杜美里，和今东湖路的旧名杜美路有关。长乐新村于1930年建造，1947年改名为长乐新村。走进长乐新村，你会立刻被她的异域建筑风貌所吸引。新式里弄住宅共有4排28个单元，呈非字形左右对称排列。以双拼联排建筑组成，砖混结构，总高为4层，每个单元均有小庭院，底层（G层）层高较低，北面设汽车间和厕所，南侧设厨房。二楼从室外楼梯直接进入客厅，为英式住宅风格。南立面二层中间开间呈半圆形前凸三联窗，三层中间开

长乐新村入口

长乐新村鸟瞰

长乐新村

间凸为阳台。整体为地中海建筑风格。

这里早期居住者以知识分子为主，如著名翻译家伍光建、伍蠡甫父子，民国时期法律界名人朱佛定、夏安修、查人伟、许家拭。此外，还有聂绀弩之子聂潞生、杨度之子杨公庶、京剧表演家胡芝凤等人。

南立面
（圆弧状，局部）

南立面

774弄1-22号
长乐路
南華新邨
南華新邨

南华新邨

长乐新村的西侧即是774弄“南华新邨”，始建于1937年，竣工于1941年（这里要特别指出的是“村”和“邨”字的区别，“邨”字特指城市里的“社区”，而非普通意义上村庄的“村”。本书以现场弄口铭牌上标示的名称为准。除南华新邨外，景华新邨与富民新邨的名称也保留用“邨”字，特此说明）。此时正是抗日战争时期，也是上海花园洋房建筑发展的“高峰时代”，造成这个畸形的“高峰时代”的原因，正是由于抗战时期难民不断涌入“租界”所致。大量避难的人中，不乏异地和周边区域的富豪绅士、达官贵人。1937年，陈学坚“挂靠”英商“五和洋行”开发设计建造，“新邨”的

南华新邨入口

南华新邨鸟瞰

南华新邨延长东路立面

出现区别于早期“弄”“里”“坊”等上海居住聚落，它已经完全脱离了石库门里弄的居住方式，是现代意义上社区的概念。它的主里弄和次里弄都比较宽敞，已经能适合汽车的进出。无论是立面风貌，还是内部设施，都是那个时代全新的时尚生活模式。南华新邨共有房屋 33 栋，主里弄西侧为 4 栋独院式花园住宅，西北面有 3 栋略小一些的花园住宅，主里弄东侧为 4 排联排式住宅。3 种户型共 21 个居住单元，均带有汽车间和花园。立面横向线条简洁方正，窗间墙贴浅绿或米色面砖，其他为水泥砂浆粉刷（或拉毛），属现代建筑风格。

楼内设备齐全，除打蜡地板、钢窗外，独栋洋房都设有小型供暖系统，每间房间都有热水汀采暖，建筑结构仍然是砖混承重墙，楼板一般采用木梁结构，屋顶为平缓的坡屋面，设女儿墙。楼面的

南华新邨延长东路立面

功能分布，一般底层为起居室兼客厅带厨房，2 楼以上为卧室内卫生间配备三件套，北向楼梯休息平台处设有亭子间，所有房间均注重采光通风。南向二、三层卧室有阳台，北向三层设有生活晒台，是当时新式里弄住宅的配置范式。

抗战胜利后，这 4 栋大房子先由国民党当局“军统”所属的“逆产组”查封，后交敌伪产业处理局归公。1949 年 5 月，上海解放后由各个系统进行了接收。

我们居住的长乐路南华新邨 774 弄这一组建筑有四栋绿房子（南立面窗隔墙为浅绿色面砖），独院式花园住宅，每栋房子前面都有一个大花园，花园的前面是一扇大铁门，可以开汽车进入车库，4 栋房子格局相同。后门从边上的南华新邨大弄堂进来。小时候依稀记得从大弄堂进去是很大的一扇铁门，再到支弄又有铁门，然后

南华新邨通往善钟里弄口建筑立面

进到楼房的后门外还有铁栏栅。围墙上有高高的铁丝网，俨然是一座豪宅大院。

南华新邨曾住过许多与现代历史紧密相连的人物，其中 774 弄 20 号是“新闻天地”旧址，报人卜少夫的寓所。766 号为葛光庭故居。葛光庭为同盟会会员、国民政府军事委员会委员。他历任陇海、平汉铁路局长和胶济铁路管理委员会委员长等职。长乐路 770 号由大汉奸周佛海所置，不少花边新闻称此处可能是其金屋藏娇之处。776 号抗战胜利后由国民政府教育部接收，北大校长蒋梦麟卸职以后曾经在此居住。778 号为大汉奸陈群（曾任汪伪政府“内政部长”）所置。

1949 年 5 月上海解放，南华新邨这四栋大宅按原有系统进行了接管，分别成为上海市教育局、上海市人委、上海市公安局、市人民检察院的机关宿舍。上海解放后，南华新邨也住过许多知名人士，例如曾任上海市体委副主任，后来成为《体育报》的总编辑，“文革”以后又任中共中央顾问委员会常务副秘书长的李凯亭；中共七大代表、曾任上海市公安局副局长的卢伯明，《解放日报》总编辑王维等人。

南华新邨东向三条支弄的联排花园洋房除了面积小些之外，同样是三层洋房，室内蜡地钢窗、采暖水汀系统，每幢建筑也配置汽车间小花园天井。上海解放前，居住者多为公司职员、资方代理人及政府部门工作人员。

从长乐路 776 号沿街向西至 800 号长乐路常熟路交界处共有六幢花园大宅，当年我们同属一个居民委员会，因此就觉得特别亲切，同时也对邻里有更多的了解。有意思的是，本来按照道路两侧以单双号排列的门牌是有规律的，而从 778 号算起却跳跃了 780 号、782 号两个号码，紧贴着 778 号的就是 784 ~ 786 号花园洋房。

刘氏住宅

刘崇佑旧居，位于长乐路 784 ~ 786 号（上海市第三批优秀历史建筑）。它是 20 世纪 30 年代建造的一座独立的英式花园住宅，设计为砖混结构，双坡顶屋面，主路口颇为特别的是门廊和室内楼梯路口均采用柱式券拱的装饰。此住宅前面有大花园，花园内有一棵硕大的樟树与房屋紧邻。在长乐路的这几所大宅的花园中，印象特别深的只有此园中的大樟树和长乐路 776 号的一棵 20 余米高大松树高耸在这一排豪宅大院中。这里也被称作刘氏住宅，就是民国大律师刘崇佑的旧居。

刘崇佑大律师在五四运动期间，曾为北京大学学生辩护，深得

刘氏住宅沿街立面

师生赞誉。1920 年 1 月 29 日，因率领进步学生请愿，天津南开大学学生领袖周恩来、郭隆真等 4 人被捕。受天津学生联合会委托，刘崇佑又为周恩来等人辩护，事后又帮助周恩来、郭隆真等人赴法勤工俭学。抗战期间，沈钧儒、邹韬奋等七君子因致力于抗日救亡运动，遭当局逮捕，刘律师又出庭抗辩，慷慨陈词，为世人钦敬。20 世纪 60 年代，周恩来总理曾特地来到刘家，看望其家属并予以慰问。

刘崇佑过世后，在此居住的是其大儿子刘准业与其夫人邹恩俊，邹恩俊是邹韬奋的亲妹妹。据邹韬奋长子邹家华回忆，当年，他与母亲沈粹缜先后来到上海，就居住在蒲石路（今长乐路）二姑家里。他一边到医院照顾父亲，一边在附近的大成中学继续上高中，直至 1943 年 9 月。邹家华后来曾担任国务院副总理、全国人大常委会副委员长。

刘氏住宅南立面局部

周信芳故居

紧邻着刘氏住宅的就是 788 号——著名京剧表演艺术家周信芳（艺名“麒麟童”）的故居。这栋沿街的小白楼与长乐路的其他任何一栋房子都不一样，和长乐路好像没有丝毫的关系，自己倔强地面向东南。它的后院直接与常熟路小学操场相连。从总体的位置来看，可以断定这栋建筑比周边的建筑还要建造得早，可能包括常熟路小学的操场都曾是它花园的一部分。有关资料显示这幢建筑建于 20 世纪初，也有的直接说是 1895 年建造的。查寻 1949 年出版的《上海

周信芳故居

市行号路图录》可以看到，这幢楼标注的是“葡萄牙总领事（住宅）”。

从大铁门进入住宅，打开玻璃大门就是客厅。客厅右侧通往二楼，楼梯雕花，扶手精致美观。二楼西南是卧室，旁边为卫生间和储物间。在小白楼的后院曾有个简易的小剧场（现已拆除），当年为接待客人，可以进行简单的演出，但最主要还是为儿子周少麟练功学戏用的。

周信芳，1895 年出生在江苏淮安的一个艺人家庭，7 岁学戏，12 岁便和梅兰芳同台演出。他在艺术上勇于创新，反对墨守成规，主张博采众长、融会贯通，形成了自己独特的艺术风格，人称“麒派”。在京剧界，有“北有梅兰芳，南有周信芳”之美誉。周信芳曾任上海京剧院院长，一生演过 600 多个剧目，演出多达 11 000 个场次。记得小时候在父母的带领下，我曾在天蟾舞台看过他的表演，他的每一步、每一个动作都赢得全场的喝彩。

周信芳的夫人裘丽琳是当年巨贾裘仰山的女儿，其母亲玛丽·罗丝是英国人与松江小姐所生，出身大户人家，又是混血，天生丽质，是名副其实的上海名媛。

当年她与周信芳结为连理也是轰动上海滩的一件大事。婚后，裘丽琳一心辅佐丈夫，家里一切事情靠她安排，此处房产也是在她小女儿出生之后购买的。她辛勤培育了六名子女，一生与周信芳同甘共苦生死相依。

其女儿周采芹在她的回忆录中有详细披露，其中对这栋建筑是这样描述的：“……我们在蒲石路（现为长乐路 778 号）上的房子没那么漂亮，不过以一般中国人的标准来衡量也称得上很舒服了。它坐落在沿马路的一排房屋之中，屋后隔开一条狭窄的弄堂又是一排结构相同的房屋。这种布局既非纯西式，又非纯中式，在上海是比较典型的。”

她又写道：“我们的三层楼房和伦敦市区的住宅很相像，沿街是两扇铁门，进去是一道没有顶的门廊，直接通向客厅，里面的陈设家家户户大同小异。面对法国式长窗和前门放一张狭长的高脚供桌，中间是一张方桌，吃饭时可供八个人就座。左右两侧墙边是四把红木椅子，中间放置大理石台面的茶几，整个摆设显得整齐严肃……”

当年，老上海的人家的确如此，大户人家有宽敞的客厅，在客堂中布置端庄，中规中矩。一般人家在公寓房子里也是用红木家具布置得相得益彰，打扫得一尘不染。

周信芳于1975年逝世，裘丽琳则早在1968年即已病逝。他们的房产交予上海京剧院管理。在此后相当长的一段时间里，这里是“上海群众文化艺术馆”。

周信芳故居

长乐路 796 号

紧挨着周信芳故居的是 796 号大院，有着高高的围墙，现代派建筑的格调尤为凸显。简洁的立面、体块体现出室内的不同功能，不同的色调成就了既简洁又丰富的立面造型。这座现代建筑的二楼有一个大晒台，前面有很大的花园，我对室内的玻璃砖楼梯和栏杆的印象特别深刻，但总体上对这座宅院的了解甚少。20 世纪 50 年代后期有周姓人家出让此处给里弄办幼儿园托儿所，80 年代初周姓人家以极低的价格出售此宅后出国。后来该院落曾几度易主，目前是江苏省人民政府驻沪办事处招待所。

长乐路 796 号

长乐路 796 号立面

长乐路 800 号

在长乐路的尽头是 800 号的一座大宅院（上海市第三批优秀历史建筑）。这座宅院不仅是长乐路这一区段最大的花园住宅，而且立面之丰富优美也是首屈一指。它属古典式花园住宅，砖木结构，建造于 20 世纪二三十年代。其南立面对称，底层为长廊，二层中部退为大平台，横向三段式；细卵石墙面，墙角、檐下、勒角镶清水红砖；较陡的红瓦顶，西侧设四坡尖塔，檐下有木支托。

其坐落在长乐路常熟路的转弯角，不仅古典而优雅的立面引人注目，而且该建筑还成了此处的地标。据资料记载，在 20 世纪 20 年代，这一段还是杜美路的延伸，杜美路 72 号是会计师、鸟类学家 E.S. 威尔金森的旧居，它处于杜美路最后一个双号门牌的位置，正好对应了如今的长乐路 800 号。

20 世纪二三十年代正是上海房地产蓬勃发展的时代，房产业和会计行业都得到了迅速发展，其自宅的位置更有优先挑选的可能，这样的推断也是符合逻辑的。威尔金森先生后来搬去了复兴西路 193 号。上海解放后，这栋建筑成为上海市机关宿舍。

长乐路 800 号

长乐路街景

GENTLE

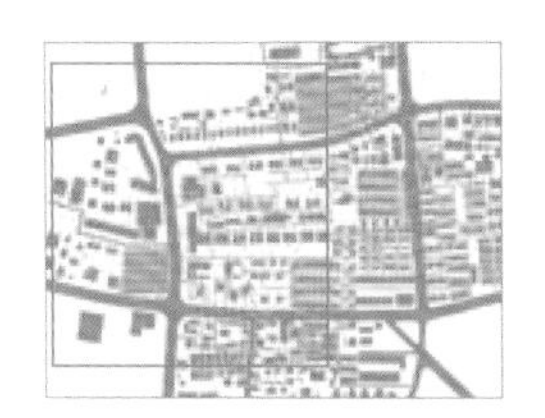

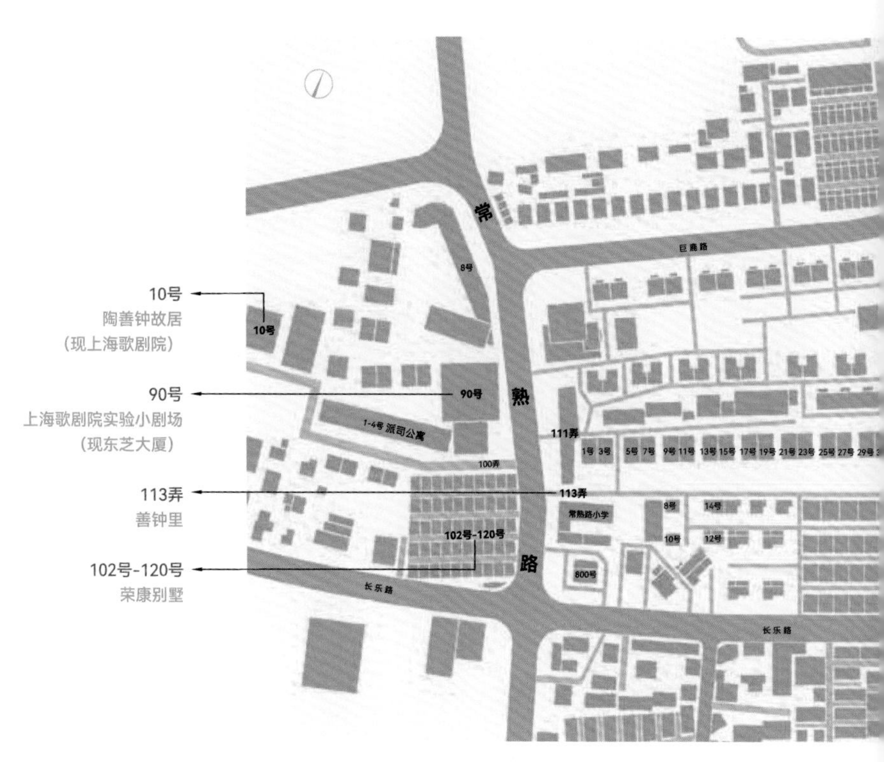
10号
陶善钟故居
（现上海歌剧院）
90号
上海歌剧院实验小剧场
（现东芝大厦）
113弄
善钟里
102号-120号
荣康别墅
常
熟
路
巨鹿路
8号
10号
90号
1-4号 派司公寓
100弄
111弄
1号 3号 5号 7号 9号 11号 13号 15号 17号 19号 21号 23号 25号 27号 29号
113弄
常熟路小学
8号
14号
10号
12号
102号-120号
800号
长乐路
长乐路

常熟路示意图

常熟路 / Changshu Road

长乐路向西与常熟路相交。以前，长乐路穿过常熟路后道路就变窄了，有一片石库门的老房子建在其中，常熟路至乌鲁木齐中路这一段长乐路都是“弹格路”（弹格路是老上海道路的一个特色，是用卵石或石块铺地，用在小道或弄堂的一种路面），前半段是旧货市场，后边至乌鲁木齐中路前段还有片公共空间，20 世纪 50 年代还曾搭台唱过戏。

继续来说“巨富长”地块。常熟路至巨鹿路大约有 300 米长的距离。常熟路修建于 1901 年，系法租界越界修建，全长 716 米。

在这 4 条马路环抱的“巨富长”地块，常熟路是最为热闹的，由于这里是从静安寺到淮海中路的必经之地，车水马龙，行人如织。曾在 20 世纪 30 年代，这里就有轨电车通过。到今天又有多路公共汽车途经此地，地铁站出入口真是好不热闹。

我们知道，历史上常熟路这一块区域原来是陶善钟所购置的土地，为此在法租界里出现了唯一的一条以中国人名字命名的道路。这条路旧时称“善钟路”，1941 年汪伪政权“收回租界”时改名为“常熟路”。

因为这样的来龙去脉，我们可以先了解一下陶善钟这位人物。陶善钟，川沙顾路人，早年在英商跑马总会做驯马师，收入增加后，开办“善钟马车行”发了大财。农民出身的他本能地对土地有特殊的感情与追求，他将赚来的钱几乎都投入到土地购买中，在善钟路一带拥有几千亩土地。后来他与英国建筑师白兰特等合作成立了泰利洋行，以外商名义开发房地产业。

常熟路

40
学校

Changshu Road

Changle Road intersects with Changshu Road on the west. In the past, Changle Road narrowed down after intersecting with Changshu Road, and a group of shikumen houses were built along it. The section of Changle Road between Changshu Road and Middle Urumqi Road was "dange lu" (a distinct type of pavement in old Shanghai, which used pebbles and gravel as its surface and normally appeared in alleyways or narrower streets). The nearer half was the location of the second-hand market, while the farther half, towards Middle Urumqi Road, had a public space where an opera stage once existed in the 1950s.

Returning to the Julu-Fumin-Changle communities. The distance between Changshu Road and Julu Road was approximately 300 m. Changshu Road was built by the French in 1901 but was beyond the boundary of their settlement and has a total length of 716 m.

Changshu Road is the most vibrant of the four roads surrounding the Julu-Fumin-Changle Communities, always bustling with traffic and visitors as it lies on the route from Jing'an Temple to Central Huaihai Road. Changshu Road was served by trams back in the 1930s. Today, it is part of several bus routes, and the entrances to the metro stations are always the busiest spots.

We can learn from historical accounts that the area along Changshu Road originally belonged to Tao Shanzhong, and say zoong route (today's Changshu Road) was the only road named after a Chinese person in the French-controlled area of Shanghai. The name of the road was changed to Changshu Road when the Japanese occupiers orchestrated the "returning" of the foreign settlement to Wang Jingwei's puppet regime in 1941.

It is perhaps appropriate for us to learn a bit more about Tao Shanzhong, the man after whom the road was named. Tao Shanzhong was a native of Gulu Township, Chuansha County, and initially worked as a horse trainer at the British-owned racecourse. After making some money, he established a horse carriage company and became wealthy. As a farmer's son, he had an inherent interest and pursuit of land ownership, and eventually owned thousands of mu of land along say zoong route. Later, Tao Shanzhong collaborated with the British architect Williman Brandt and Brandt & Rogers Co. Ltd., who became Tao Shanzhong's agent in real estate development.

善钟里·常熟路 113 弄

1901 年，法租界公董局越界筑路，修建了一条连接徐家汇路和宝昌路（徐家汇路后改名为“海格路”，1943 年改称“华山路”）的马路，全长 700 余米。陶善钟无偿出让了自己土地，修筑了这条通往西江路（即后来的“霞飞路”，也就是现在的淮海中路，西江路后改称“宝昌路”，1922 年又更名为“霞飞路”）的马路，被法租界当局定名为“善钟路”。此后房地产商在这两侧开发房地产。“看好地段，囤积土地，搞好基本建设三通一平，然后再等待土地升值，开发房地产。”在这一地段的房地产开发最具规模的就是善钟里。

常熟路 113 弄（上海市第三批优秀历史建筑），旧时也称善钟里。善钟里是以早年的常熟路路名“善钟路”为名，这是常熟路上最富有历史人文故事的一条里弄。从常熟路拐入里弄，仿佛一下子从喧嚣的市井进入了静谧的世外桃源。宽阔的里弄可以行车，无论是花园洋房还是新式里弄内均设有汽车间。

从常熟里进入善钟里（常熟路 113 弄），左侧从 1～31 号的英式双毗邻连洋房共 25 栋，占地 22.48 亩，为较典型的砖木结构新式里弄住宅区，由潘义泰营造商于 1930 年承建，建筑面积 10 000 平方米。建筑形式为单体二层（阁楼假三层）英式风格大坡顶建筑，砖木结构，红砖外墙与水泥拉毛粉刷，红瓦尖顶屋面，木门窗。室内打蜡地板，有取暖壁炉及烟道。洋房前均拥有 300～400 平方米的大花园，树木郁郁葱葱。善钟里曾居住过许多与中国近代史有关联的人物。

1 号、3 号、5 号房屋建筑前有 370 多平方米的花园的原产权人为商人陆冲鹏，在上海解放前，3 号为国民党海军司令桂永清住宅。

15 号原是上海歌剧院的宿舍。此栋建筑在 20 世纪 50 年代进行过改造，坡屋顶改为了平屋顶并增加了楼层。著名剧作家王树元叶野夫妇，著名男高音歌唱家、声乐教育家饶余鉴，著名女歌唱家任桂珍，施鸿鄂朱逢博夫妇，均曾在此居住过。朱逢博具有歌唱天赋，原先她在同济大学建筑系建筑学专业学习，下工地时为大家表演而被发现后，进入上海歌剧院，从此走上歌唱艺术家之路。20 世纪 60 年代后期，朱逢博因演唱《白毛女》中喜儿的唱段而蜚声全国。她在 40 年歌唱家的生涯中演唱了无数的民歌，赢得了大众的喜爱，而其丈夫施鸿鄂的抒情男高音戏剧美声则在全世界赢得了许多奖项。

23 号为爱国将领、政治活动家，曾在淞沪抗战时担任过十九路军总指挥的蒋光鼐在上海时的寓所。1932 年“一·二八”淞沪抗战时，他指挥十九路军沉重地打击了日寇，震动中外。新中国成立后，蒋光鼐担任过纺织工业部部长。

25 号为十九路军爱国将领、淞沪警备司令戴戟在上海居住过的寓所，他与蒋光鼐一起参与了 1932 年的“一·二八”淞沪抗战。1948 年他加了陈铭枢等领导的“三民主义同志联合会”，新中国成立之初，担任华东军政委员会委员，后又担任过安徽省副省长。

27 号曾是国民党抗日将领冯治安在上海的寓所。1937 年，日本侵略军在北平卢沟桥悍然发动了举世震惊的“七七事变”。时任国民革命军二十九军三十七师师长兼河北省政府主席的冯治安，指挥军队与日本侵略军展开了激烈的战斗，拉开了全面抗日的帷幕。

31 号为国民党著名将领陈铭枢在上海的寓所。1925 年，陈铭

善钟里・常熟路 113 弄

枢曾率部参加第一次“东征”，讨伐陈炯明，后又参加北伐。1928年，担任广东省政府主席。1932 年，陈铭枢又命令十九路军对日本侵略军进行坚决抵抗。新中国成立后，他担任过全国人大常委会委员，是“民革”（中国国民党革命委员会）的创始人之一。

从常熟路进入善钟里（常熟路 113 弄）的右侧是我就读过的小学——上海市常熟路小学。上海常熟路小学的前身是上海私立正志小学，紧挨着它的是育才中学，在上海解放后搬迁，其校舍全部归常熟路小学。正志小学是一所历史悠久的学校，第一位美籍华人宇航员王赣骏,《和爸爸一起坐牢的日子》的作者卢大容，著名女篮运动员、教练员丛学娣都出自这所学校。当年这所学校设施齐全，有音乐室、图书室、劳作室、小礼堂、大礼堂、食堂与医务室等。由于离上海市少年宫较近，课外时间同学们可以自愿报名参加少年宫组织的朗诵、舞蹈与船模等活动，我就曾作为上海市少年宫小伙伴团队的一员参与接待了许多国家贵宾。印象最深的是我们于 1966 年 4 月间在市少年宫接待过邓小平同志。当时他陪同阿尔巴尼亚贵宾前来参访。那年的邓小平仅 62 岁，精神抖擞。我们下课以后组成了各个学习小组，我还去许多小朋友的家里做过功课，包括马承源、管荫深等人的家里，因为他们的孩子都是我们的同班同学。小学的少年时代是特别令人怀念的。

常熟路小学的对门 9 号，后来改为常熟路幼儿园，它是一家教育质量出众的幼儿园，已开办了 60 年以上，现在搬到康定路去了，但仍然叫“常熟幼儿园”，它的品牌影响力，由此可见一斑。

113 弄内右侧（从常熟路进入）一排房屋均为现代式建筑，建筑风格与南华新邨一致，窗间墙以绿色瓷砖镶嵌，其他为水泥砂浆拉毛粉刷。在 14 号和 8 号之间还有一条很浅的里弄，弄口铭牌上

善钟里 1、3、5 号鸟瞰图及立面图

写着“四维庐”，仅有 2 个门牌，建筑风格与南华新邨相似。被誉为“光纤之父”“宽带教父”的诺贝尔物理学奖获得者高锟，早年也曾在本弄 12 号居住。在他晚年的时候，还专程来寻找他儿时的旧地。

8 号、14 号和 22 号都是上海市教育局宿舍。上海解放初期，上海市教育局的管理幅度非常大，不仅主管中小学校，包括社会教育机构全在其中。社会教育机构包括了上海博物馆、上海图书馆、文化宫等社会教育场所。曾经居住在 8 号的马承源，上海解放初期在上海市教育局任职，1955 年调往上海博物馆工作，经过自学钻研成为青铜器方面的专家，后担任过上海博物馆馆长。今天坐落在人民广场的上海博物馆，即是他在任时修建的。在他的任上，上海博物馆的青铜器展藏量居全国第一位，并蜚声中外。

著名演员中叔皇也居住在此，他曾经参演了《红日》《兵临城下》等许多深受大众好评的电影。

在上海解放后，常熟路 113 弄许多房子都成了各系统的机关宿舍，其中有广播电台、教育局、公安局等系统的机关。

20 世纪 60 年代，在“大跃进”的历史背景下，113 弄弄底北侧还办起了生产组，后来又改为大食堂供居民去打饭或堂吃。在“大炼钢铁”时，里弄里的所有花园洋房铁门，甚至室内的吊灯铁饰、暖气片都被拆走去炼钢铁了，现在想来，实在是匪夷所思。

紧邻善钟里的常熟路 111 弄内左联作家沈起予的寓所，在 1928 年曾借给沈从文居住，丁玲和胡也频从北方来到上海后，也曾借住在这里。

常熟路 111 弄的边上曾经有一家开设了多年的药店，虽然门面小，但是药品齐全，周边居民感到非常方便。

紧挨着的就是“振兴食品商店”，是周围居民经常光顾的地方。

我仍然记得，在 20 世纪 60 年代初的三年困难时期，今天看来非常普通的食品，如大麻花、桃酥饼等都要凭“糕点票”购买，而到马路对面的“源泰食品公司”则可以不凭票，但作为高级点心，则从原来的 5 分一只，卖到 2 角 5 分钱一只。

在弄口还有一家名为“红村”的饮食店，是我们经常光顾的地方。上学之前在这里买一副大饼油条不超过 1 角，或者是 1 角 2 分一碗的阳春面，我们吃得喷喷香，感觉饱饱的。

在接近巨鹿路口的位置是常熟路邮局。这家邮局从 20 世纪 50 年代一直到 80 年代，它是居民与市外联系的通道，是大家经常邮寄邮件的场所。

善钟里典型建筑鸟瞰图

颐风文旅

善钟里 · 常熟路 113 弄鸟瞰

常熟路 100 弄

常熟路 113 弄（善钟里）马路对面的常熟路 100 弄是沿街的大弄堂，弄内到底 10 号是上海歌剧院所在地（上海市第四批优秀历史建筑）。这栋建筑就是陶善钟故宅，建于 1936 年，砖混结构三层，总建筑面积 5 806 平方米，属法国新古典主义风格，主立面讲究对称，给人以雄伟庄重之感。二层和三层檐口出挑（三层疑加层），檐下水平向几何纹饰形成装饰带，墙面开窗和大门方正面均带门窗套装饰，立面细部装饰纹样具有装饰艺术派特征，室内圆弧楼梯向上很有特色，天穹绘有精美图案。

1941 年，陶宅被日伪抢占，后被汪伪“中央储备银行”使用。此行是汪伪政权在日本扶持下设立的金融机构，发行的货币主要在沦陷区使用。抗战胜利后，这里由国立同济大学医学院使用，直至 1952 年全国高等学校院系调整。1956 年上海歌剧院成立后使用至今。

100 弄内的 1～4 号是建于 1930 年左右的现代风格三层公寓（后加至五层），俗称“派司公寓”，钢筋混凝土结构，平屋顶，立面为褐色面砖形式简洁。室内煤卫齐全，打蜡地板钢窗。南侧 5～8 号为两栋三层联立住宅，入口有券门装饰，部分为上海歌剧院的宿舍。

常熟路 100 弄

上海歌剧院
由此进入
向前150米

常熟路 100 弄派司公寓

上海歌剧院（原陶善钟自宅）

荣康别墅

常熟路104～120号是荣康别墅（上海市第五批优秀历史建筑）。荣康别墅建于1939年，原系私人花园住宅。1931年，这里改为正始中学。正始中学为杜月笙创办，他还亲自担任了董事长。后该校迁往法华镇，由荣康地产公司改建成砖木结构三层楼新式里弄。住宅共6排，52个单元，建筑面积达9 910平方米，以公司名命名为荣康别墅。

房屋为联排双开间分户行列。每户建筑面积可达180平方米，前段底层为起居室、餐室，底层大多带有花园。二、三楼各有卧室两间和三件套卫生间，后段底层为厨房间。二、三楼为亭子间和佣人卧室，建筑为砖墙承重，水泥砂浆粉刷，窗间墙则用红色毛面类似泰山砖饰面，以此形成横向，纵向线条来表达现代建筑的风格。整体建筑外观造型简洁，呈西洋现代建筑风格的住宅形式。室内铺木地板，卫生间铺马赛克地坪。

荣康别墅住过许多近代名人，如教育家、实业家、社会活动家，中国民主同盟发起人之一的黄炎培，曾在116弄7号居住。他在搬入新居后作的《新居八绝句》中写道：“七十吾生始有家，一楼冷却市声哗……”上海解放后，著名剧作家杜宣和叶露茜一家也曾住在荣康别墅。聂缉椝的后人、旅美华裔女作家聂崇彬也曾在荣康别墅10号度过了她在上海的童年岁月。

荣康别墅入口

荣康别墅全景

荣康别墅延长东路南立面

荣康别墅沿街东立面

改建后的小剧场

常熟路 90 号是建于 1959 年的上海歌剧院实验小剧场，建成后演出过许多小朋友爱看的戏剧，如《水晶宫》《大闹天宫》，还有滑稽演员姚慕双和周柏春主演的大型滑稽戏《满园春色》。笔者小时候在此看过不少剧目，印象深的还是歌剧《江姐》，在青少年时代，它激发了我们对祖国、对党永恒的热爱之情。

1990 年 12 月，一场大火几乎把小剧场全部焚毁。随后这里建起了现在的东艺大厦……

从小剧场出来往北不远，原来的常熟路 8 号开有一家“源泰食品店”，它是这一区域最大的一家食品商店，各类食品品种丰富，是这一带居民经常光顾的地方。

常熟路西边北端近华山路转弯口，有知名且有历史的旧书店“萃古斋”和“大同旧书店”，我上小学时依稀还记得此场景。巴金、

常熟路、巨鹿路路口街景小品

陈伯吹、傅雷、杜宣和钱锺书等文化名人曾经常光顾。旧书店直到20世纪60年代初还存在，后来在大同旧书店的位置，新开了一家水果店。

在近30年里，这里从“源泰食品店”一直到转角，原有的建筑一扫而光，建起的“平安保险大楼”与这一区域的传统建筑风貌极不协调。

大约在20世纪50年代末，常熟路上行驶着2路有轨电车，从常熟路经淮海路到十六铺新开河，到60年代初这段轨道才拆掉。但当时，我们仍然可以到静安寺，乘上1路有轨电车经南京东路外滩一直开到虹口公园。路上共有19站，车票仅为3分到1角2分。有轨电车行驶虽然慢了一点，但是坐这个车不晕车很惬意，且一路风景，叮当作响的车铃声不失为城市中的美好记忆。

这叮叮当当的铃声，也带着我们童年的梦远去了……

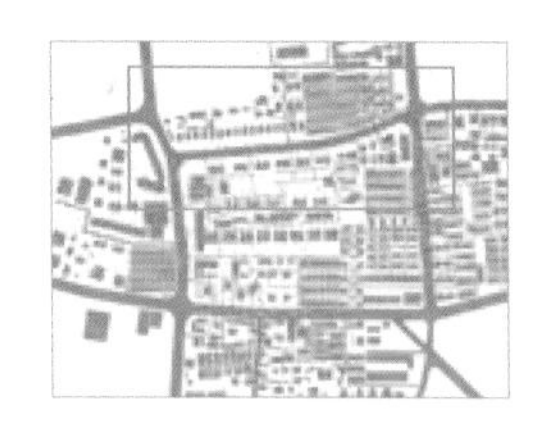

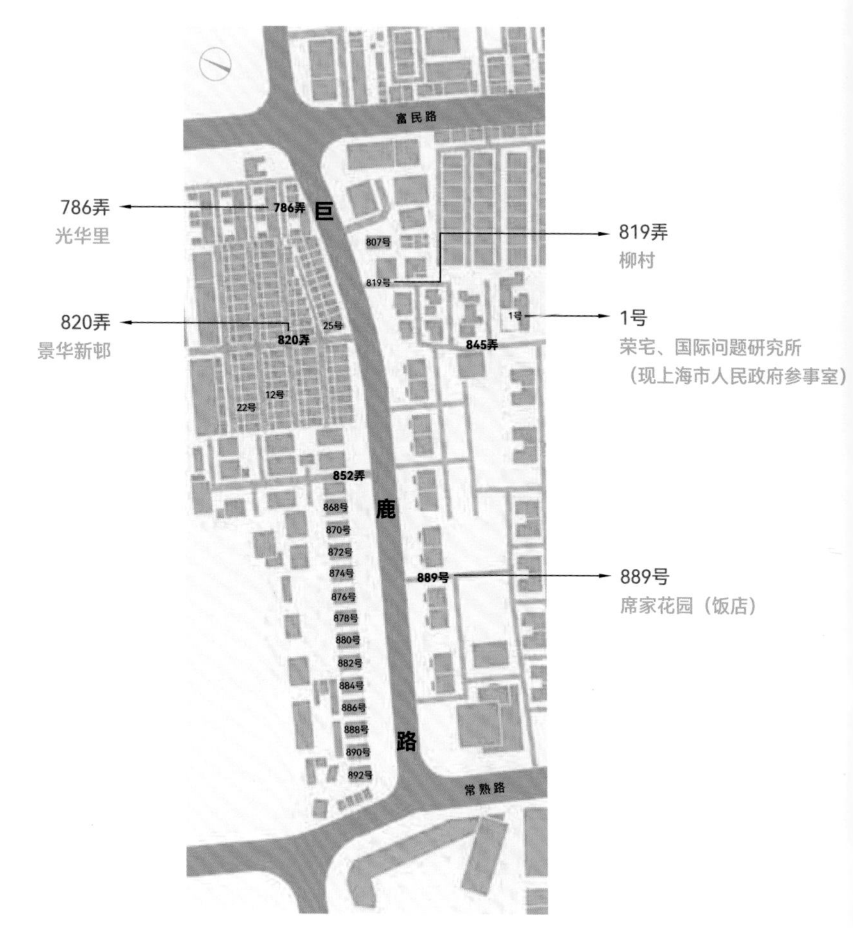

786弄
光华里
820弄
景华新邨
819弄
柳村
1号
荣宅、国际问题研究所
（现上海市人民政府参事室）
889号
席家花园（饭店）
富民路
巨
鹿
路
常熟路
786弄
807号
819号
25号
820弄
845弄
12号
22号
852弄
868号
870号
872号
874号
876号
878号
880号
882号
884号
886号
888号
890号
892号
889号

巨鹿路示意图

巨鹿路 / *Julu Road*

巨鹿路原名巨籁达路（Rue Ratard），由上海法租界公董局于 1907 年修筑，路名是以当时法国驻沪领事巨籁达之名而命名的。1943 年汪伪政权“接收租界”时，更名“钜鹿路”，1966 年改为“巨鹿路”。巨鹿路从常熟路至金陵西路共长约 2.3 公里。其中，常熟路到富民路这段仅 400 米左右。这里绿荫如盖，马路两旁多为坡屋面英式建筑，彰显了这里浓郁的英伦风情。花园洋房和海派新式里弄，混杂着不同的风格，不同的韵味又赋予了这条马路独特的氛围和气质。它，是巨富长地段中最漂亮的街道。这里，几乎每幢房子的背后都隐藏着一段鲜为人知的往事。

从常熟路转进巨鹿路，首先进入眼帘的是北向的一排英式花园住宅，此处正是匈牙利建筑师邬达克刚到上海在克里洋行工作时（1919—1920 年）承担设计的万国储蓄会的 22 幢住宅（至今留存了巨鹿路 852 弄 1～8 号、10 号、868 ～ 892 号，为上海市第三批优秀历史建筑），这也是邬达克到上海后设计建成的第一个项目。

Julu Road

Julu Road was originally named Rue Ratard and was constructed in 1907 by the Conseil D'Administration Municipale (Council of Municipal Administration) of the French Settlement. It was named after the French consulate general in Shanghai. After the Japanese-orchestrated "returning" of foreign settlements in 1941, the road was renamed Julu Road. The written form was changed slightly again in 1966. Julu Road has a total length of 2.3 km between Changshu Road and West Jinling Road, but only around 400 m lies within the Julu-Fumin-Changle Communities. This section is covered by lush greenery, and English country houses with gabled roofs were built along the road, giving it a feeling of rural England. At the same time, detached houses with gardens and the indigenous new-style lilong houses also contributed their own styles and flavors to the distinct environment of this road, which is considered the most beautiful part of the Julu-Fumin-Changle Communities. Almost every house here has an untold story.

Turning into Julu Road from Changshu Road, the first sight is a row of English country houses facing north. These are among the 22 houses designed by the Hungarian architect László Hudec for the International Saving Society when he was working for the architectural office R. A. Curry (1919-1921). (The surviving houses from this community can be seen at Nos. 1-8 and 10, Lane 852, Julu Road; and Nos. 868-892, Julu Road. They are among the third batch of Historic Buildings of Shanghai.) These were also Hudec's first built project in Shanghai.

巨鹿路

巨鹿路 868 ~ 892 号

868 ~ 892 号（1930 年建造）这 12 栋英式花园住宅沿路排开，南边是大花园，北面有小院，单体为二层（阁楼假三层），人字形红瓦坡顶，三角形山墙露木构架。抗战胜利后，当局开办土地登记时，曾由“重英堂”代表盛沣澄申请所有权登记。上海解放后，此处的 12 栋花园住宅房产因孔祥熙“占有股份”，而由政府部门管理。

我们不可能对每一栋房子详述，只能选择部分介绍。

从常熟路口的巨鹿路 892 号说起，这里曾是著名剧作家于伶的住所，后长期作为《上海老年报》的报社办公地使用。

888 号是享有“民族化学工业之父”盛誉的范旭东先生的故居。范旭东早年毕业于日本京都帝国大学化学系，学成归来后，他创办了多处实业，并于 1937 年生产出中国第一批硫酸铵产品，是中国重化学工业的奠基人，被毛主席称为中国人民不可忘记的四大实业家之一。2015 年，此栋房子被一个“90 后”海归女孩以 8 380 万元购入后，竟遭拆除重建。此事在 2017 年成了震惊上海的一大新闻。

886 号是民国时期烟草大亨、买办童楚江 1924 年送给女儿的陪嫁。1950 年，童氏全家移居香港。上海解放后，上海警备区原副军级顾问、黄埔军校同学会原副会长程元（其父为程潜）一家曾在此居住了 35 年。

884 号曾为美术家蔡上国寓所，这里经常是画家聚会之处，应野平、朱屺瞻、林风眠、丰子恺、刘海粟、颜文樑、

巨鹿路 890 ～ 892 号大门

周碧初、吴大羽、张充仁等为常客。蔡上国之子蔡亮原在中国美术学院任教授，他创作的《延安火炬》《贫农的儿子》等作品名闻画坛。美术界评价，他维系了20世纪中国绘画界两个最重要的维度，一个是革命题材维度，另一个是农民题材维度。其次子蔡巨是一位现代印象派的艺术家，常年旅居海外，在抽象画、水墨画及雕塑等艺术领域颇有建树。著名画家朱德群对他有高度评价，认为他的画风堪比赵无极，为此蔡巨就有了“小赵无极”的美誉。20世纪80年代，蔡家搬到华山路上的“枕流公寓”，后来这里成了意大利驻上海总领事的官邸。

越过858～882号这十多幢花园住宅来到856号，这里居住过曾担任上海警备区司令员的周纯麟和上海市前副市长梁国斌。

巨鹿路856～884号鸟瞰图

巨鹿路 852 弄

紧邻着花园住宅的是 852 弄，这是一条不引人注目却优雅静谧的里弄，共有 8 栋独立式花园住宅，曾为亚细亚火油公司外籍高级职员寓所。这里居住过会计界的泰斗龚清浩教授，百年老店吴良材眼镜店第五代传人吴国成等人。

出了 852 弄，一个令我意想不到的发现是，一旁的是 850 号，曾经是中国近代著名的李锦沛建筑师事务所 1939 年时的登记所在地。

李锦沛建筑师事务所自 1929—1940 年在上海做了近 30 个项目，比较著名的有圆明园路的中华基督教女青年会大楼、陕西北路 175 号的华业公寓，江西中路 353 号的广东银行大楼。还有上海盲童学校，以及与范文照、赵深合作的西藏南路 123 号上海基督教青年会（今青年会宾馆）等。

巨鹿路 852 弄入口（上）
巨鹿路 852 弄 3 号（下）

巨鹿路 852 弄鸟瞰

巨鹿路 852 弄 2 号

巨鹿路 852 弄建筑立面

景华新邨入口

景华新邨

再向东走就来到了 820 弄，这就是巨鹿路上最具现代风格的景华新邨（上海市第二批优秀历史建筑），弄口上方是朱屺瞻的手书“景华新邨”四个大字。当年，地产商周湘云在自己家的私家花园——“学圃”中划出南面的部分用地建造住宅（北面用地包括如今的延安饭店，当时均为周家花园——学圃的原址），因风景华丽而取名“景华”。

周湘云家族原居宁波。1861 年太平军到了宁波，周湘云父亲周子莲随着难民潮来到上海，在建筑工地当了木工。他勤奋好学，学会了简单的英语，可以与洋人交流。于是他与各个洋行建立了密切的关系，推销住宅以获取佣金，逐渐积攒了财富。人们后来也称他“周莲堂”，而他的真名反而被人们忘了。1875 年，周向工部局注册成立了“周莲堂经租公司”，代理多家洋行的房地产业务，为外国人代办置地买房，这是中国人正式成立的第一家经租公司。据说当时周莲堂经租的房地产占上海总量的 1/10。他在经营中赚取的利润再投入房地产，在苏州河以北今山西路和天津路、南京东路一带买进了若干旧房基地。由于地皮靠近外滩而逐年升值，后来他又购进了湖北路浙江路沿街的门面，在这里建造了住宅和街面商铺。在十年间他就成了那一代最具名望的房地产商人之一，成为上海早期的房地产巨子。

周子莲于 1890 年去世。他生有二子三女，长子周湘云，次子周纯卿。周湘云兄弟子承父业。20 世纪初，当时公共租界刚扩展，今南京西路沿线的地价尚未大涨。周氏兄弟就购进了沿线的好几块

景华新邨全景

土地，他们先在这些土地上建造起简易的里弄住宅后进行出租。到了 20 世纪 30 年代，南京西路 806 号近石门路的一块地就成了周纯卿住宅。上海解放后，该花园住宅长期由静安区少年宫使用，现已被拆除并建起了高楼。另一块位于青海路的地块则被建成周湘云住宅，现在该住宅已成为岳阳医院青海路门诊部。大约在民国初年，周湘云购进了今延安中路的一个地块，而周纯卿也购进了华山路的一个地块，并将其建成了私家花园——“学圃”和“纯庐”。1937 年抗日战争全面爆发后，全国各地许多富绅逃到上海租界当“寓公”，上海的房价又一次飙升。于是周湘云将“学圃”的部分地块建成“景华新邨”高档住宅。因 1943 年周湘云逝世，另一部分尚未来得及开工。上海解放后，这块地块就被建成华东招待所，即现在的延安饭店前身。而“纯庐”则在 1945 年转卖给了“海上闻人”虞洽卿。“周家花园”就此成了“虞家花园”。上海解放至今，它成了华山医院的一部分，改名为“华山花园”。

景华新邨包括巨鹿路 820 弄及沿马路的 800 ~ 836 号新式里弄住宅，共 69 栋建筑，建成于 1938 年，共 15 682 平方米。南北方向的主弄通道设置于里弄中央，与支弄形成“非”字形，弄内联排式住宅正面向南，行列布置于两侧，每行房屋有 8 ~ 10 栋住宅相连，宽敞整洁。建筑为单开间单元三层住宅，砖木结构。正立面以出檐竖墙分割单元，造型独特，山墙立面有精美的线条装饰，除沿街一排有私家庭院，弄堂内皆无庭院，但底层窗下均有约 4 平方米的花池，以栅栏与弄道隔开。这一做法既能使支弄达到足够的宽度，又不至于减少建筑面积，并能保证住宅的采光日照，同时大进深也满足了高密度容量。此布局在上海并不多见。景华新邨的总平面规划至今都有参考价值。

景华新邨建筑南立面

景华新邨沿街住宅

建筑室内现代时尚，煤卫采暖齐全，钢窗打蜡地板。虽然是单开间 1～3 层的联排公寓，前后开门，中间有小天井保证了进深采光，实用而舒适，由博兰特罗杰斯建筑设计公司设计。

画坛一代宗师朱屺瞻住在景华新邨 12 号。他早年东渡日本学习油画，20 世纪 50 年代后主攻中国画，历任上海艺术专科学校教授、西画系研究室主任、中国美术家协会顾问、上海文史研究馆馆员等职。他也是有名的寿星，享年 105 岁。其故居一楼是会客厅。朱屺瞻对梅花情有独钟，他不但画梅，还亲手种植梅花盆景，并将二楼的画室取名为“梅花草堂”，三楼则是卧室。

22 号为上海解放前地下党领导人沙文汉、陈修良夫妇居所。这里也是刘晓、刘长胜、沙文汉、陈修良等人的中共地下党早期活动据点，也曾是江苏省委和上海局的秘密机关之一。在上海解放前

景华新邨内景

夕，就在此地由刘长胜、沙文汉、张执一开会研究，策反了国民党军舰“重庆号”并举行起义。沙文汉在此起草了《京沪一般形势的特点及当前的基本方针与我们具体工作》（此处“京”指南京）的文件，为迎接上海解放起到了重要的作用。这里被誉为“共产党在上海的战斗司令部”。沙文汉出生在浙江鄞县（今属宁波），兄弟五人，长兄是著名书法家沙孟海，其余四兄弟都是中共党员。沙文汉于 1925 年入党，1929 年留学苏联，1930 年回国后在上海、江苏、浙江等地从事地下工作。抗战胜利后，他担任过中共上海地下党的领导岗位。陈修良早年是我国妇女运动先驱之一、中共早期重要领导人向警予的秘书，并由向警予介绍，于 1927 年入党，后赴苏联学习。1946 年，陈修良受中央指示，在南京秘密组织中共地下市委，成为第一个在白区南京的地下党女性市委书记，为解放全中国

834

景华新邨沿巨鹿路立面

提供了许多重要情报，并为南京的解放做出了杰出的贡献。新中国成立后，沙文汉担任过中共浙江省委宣传部部长兼浙江省教育厅厅长，1951 年被任命为浙江省人民委员会副主席（当时相当于“副省长”）兼中共浙江省委统战部部长，1954 年出任中共华东局宣传部副部长，1954 年 12 月又被任命为浙江省第一任省长。南京解放后，陈修良担任过中共南京市委常委、组织部部长。1950 年后，她又先后任中共上海市委组织部副部长、中共浙江省委宣传部部长等职。他们为新中国诞生做出的奉献感动了我们整整一代人。

25 号为文物收藏家华笃安寓所。华笃安是著名的文物收藏家、实业家。四十年来，他收集了上至明代中叶、下至清代，以及 250 家著名印人的作品共计 1 546 方印，被称为藏印第一人，1984 年，他又将其收藏捐献给了上海博物馆。

现代书法大家潘伯鹰等社会名流也曾在此居住。

景华新邨沿街立面

景华新邨南立面局部

光华里

与景华新邨相邻的巨鹿路 786 弄又名光华里（上海市第五批优秀历史建筑），由 4 栋里弄住宅组成，共 15 个居住单元，为新式里弄住宅，双开间建筑，砖木结构坡屋面，清水红砖墙立面，南立面西式风格，但北立面仍保持着石库门建筑的特点。光华里建于 1930 年，由李英年建筑事务所设计。这里又是一个故事迭出的地方，弄堂口是静安区政府于 2006 年为“王正廷旧居”立的铭牌，王正廷于 1923 年搬入弄内 66 号居住。66 号是一栋二层红瓦斜坡的小洋楼，楼前花园里的桂花、广玉兰、龙柏和盘槐等树绿荫繁茂。

王正廷早年加入同盟会，1907 年赴美留学，1911 年回国，任黎元洪都督府外交司司长。1919 年，作为中国代表之一出席巴黎和会，与顾维钧等一同拒绝在有损中国权益的和约上签字。1921 年任北京中国大学校长，同年代理国务总理兼外长。1928 年 6 月，王正廷任南京国民政府外交部部长，1936 年出任驻美国大使。抗战胜利后，任全国体协理事长、中国红十字会会长、交通银行董事等职。1949 年初，去香港任太平洋保险公司董事长。

弄内 13 号是著名演员胡蝶旧居。1932 年“一·二八”事变后，胡蝶全家从虹口区北四川路（今四川北路）1906 弄（余庆坊）搬到了这里。这是一栋双开间的西式里弄洋房，在这里胡蝶度过了平生最辉煌的时期。1933 年，胡蝶当选由上海《明星日报》评选的“电影皇后”之后，又连续三届获此殊荣。她当年主演的《姐妹花》则成了她表演艺术的代表作。1946 年，胡蝶迁居香港。

至此，我们已经走到了巨鹿路和富民路的交界处。穿过马路

光华里入口

光华里

光华里建筑立面

就是巨鹿路 807 号，目前它是上海市卫健委所属房产。20 世纪五六十年代这里曾是一家儿童医院，附近的小朋友有小毛小病，都是到这里来就诊的。史料记载，上海解放前这里为济华医院，由上海华美大药房老板徐翔荪的女儿，留学德国学医的徐济华开办的。徐翔荪即是 1941 年曾轰动上海的“徐家小儿子砍死大儿子”惨案中的华美大药房老板。徐翔荪有两个儿子，长子事业有成而次子却是个花花公子。某日弟弟向哥哥索要巨款未果，遂用利斧砍死了兄长。此案轰动了上海滩。最终，次子因杀人罪被处死，徐老板因此而“绝后”。

819 弄柳村，南接富民新邨，为新式里弄，混合 3～4 层，共 5 栋建筑，建于 1939 年。外立面以砖贴和水泥拉毛而成，主色调为黄色，每栋建筑均有小院。

巨鹿路 845 弄

845 弄位于富民路西的巨鹿路南侧，1 号到 14 号共计房屋 49 户，建于 1943 年，坐北朝南，砖混结构，屋顶坡度平缓，立面方正简洁呈现代风格。房屋内部中规中矩，有中国传统建筑特征。弄内 4 号是国民党军队军长陈金城的旧居。1948 年陈在解放战争中被俘，1960 年获特赦后，被聘为江苏省文史馆馆员。

845 弄内 1 号原来是荣家房产之一，上海解放后，荣毅仁将自己的产业无偿捐给了国家。新中国成立十周年时，为了深入开展国际问题研究，周恩来总理亲自提议在上海成立国际问题研究所。1960 年初，上海国际问题研究所在此成立。如今这里是上海市人民政府参事室，为政府科学依法决策和上海经济社会发展做着参谋的工作，是为城市经济社会发展贡献智慧和力量的平台。

巨鹿路 845 弄入口

巨鹿路 845 弄

席家花园 · 巨鹿路 889 号

巨鹿路 889 号是本篇最后要讲到的大宅院，包括巨鹿路 1～4 号楼、7～18 号楼，为一建筑群体。它建造于 1929 年，属英国亚细亚火油公司产业，为其外籍高级职员寓所；内有 9 栋英式建筑风格的双毗连二层楼假三层（三层为阁楼）花园住宅。住宅的南立面底层为券廊，二层设大阳台，两侧是双坡三角形山墙，与四坡屋顶连接，山墙立面呈现木构架外露，屋顶中间有棚屋的老虎窗。外墙二层以上拉毛水泥粉刷，底层砖石砌筑。木门窗带有窗套，立面对称，屋顶上带有多个烟囱。建筑入口在两侧，分门出入，独用小院。上海解放后，这里成为原南京军区空军的招待所，也称巨鹰宾馆。

改革开放后，这里对外出租开放，成为休闲娱乐之地。这里有许多餐饮店，而其中的品牌饭店“席家花园”在此已经营多年，且深受上海人喜爱，为此上海人习惯把这里称作“席家花园”。

巨鹿路 889 号入口

16号楼
70622
巨鹿花

巨鹿路 889 号全景（东南向西北方向）

巨鹿路 889 号别墅

巨鹿路 889 号全景图（东北向西南方向）

巨鹿路街景

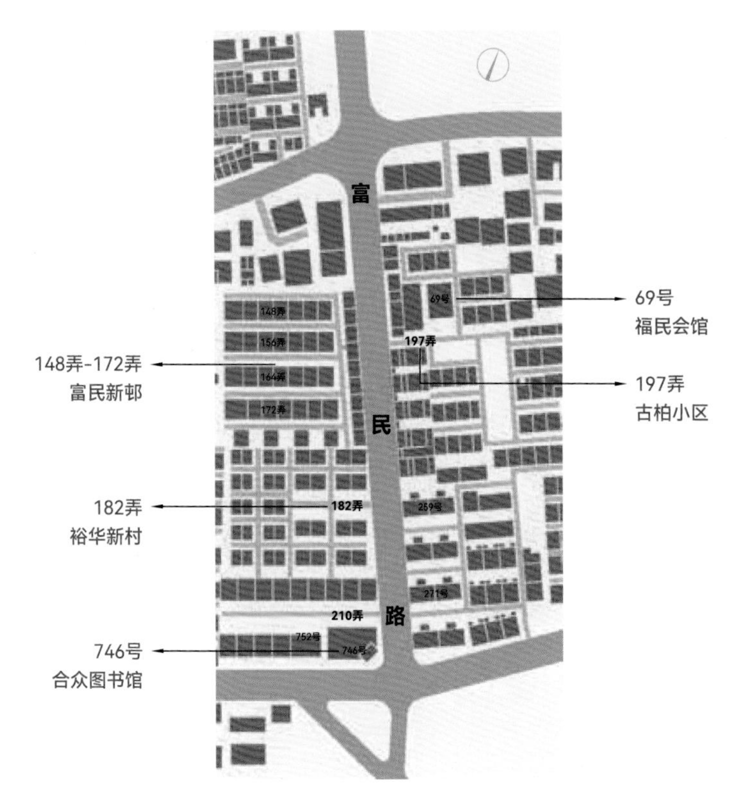
富
民
路
69号
148弄
156弄
164弄
172弄
197弄
182弄
259号
271号
210弄
752号
746号
69号
福民会馆
148弄-172弄
富民新邨
197弄
古柏小区
182弄
裕华新村
746号
合众图书馆

富民路示意图

富民路 / *Fumin Road*

从巨鹿路东向右转进入富民路（旧称古拔路，法租界当局以法国古拔将军之名命名），从富民路向南步行不远就是最有历史感，而且也是最大的住宅聚落富民新邨（上海市第五批优秀历史建筑）。富民路148弄、156弄、164弄、172弄，是一个规模比较大的居住区，占地0.8公顷（约8 000平方米）。富民新邨原名古拔新村，与原路名有关。走进富民新邨，可以看到弄堂内整齐排列的5排建筑，除了沿街一排建筑是东西向的，其余4排建筑都是南北朝向。富民新邨始建于1911年，但直至1936年才建成，共有门户110幢。这些建筑由大明火柴公司创始人邵修善投资，中国建筑师庄俊设计（庄俊是中国第一代建筑师，1914年毕业于美国伊利诺伊大学。他还设计了金城银行大楼、大陆商场等优秀历史建筑，并于1927年创建了上海建筑师学会，次年又改为中国建筑师学会，并担任第一届会长。1953年，庄俊任华东建筑设计院总建筑师，1990年在上海逝世，享年102岁。笔者有幸曾与他在同一个单位共事）。

Fumin Road

Turn right at Julu Road and you will enter Fumin Road (named Rue Amiral Courbet at the time of the French Settlement, after Admiral Courbet of the French Navy). A short walk southward will lead you to the largest and most historic community on the road, Fumin New Village (listed in the fifth batch of Historic Buildings of Shanghai). It is located in the lane 148, 156, 164, and 172 of Fumin Road and is a relatively large community, occupying an area of about 8 000 m^2. Fumin New Village was formerly named Courbet New Village, after the name of the road. Five regular rows of houses were built in Fumin New Village, with only the row along the road facing east and all other rows facing south. The construction of Fumin New Village began in 1911 and was completed in 1936, and it could house 110 households. It was a real estate development invested in by Shao Xiushan from Daming Matches Company and designed by the Chinese architect Zhuang Jun. Zhuang Jun was one of China's first generation of professional architects, graduating from the University of Illinois in 1914. He also designed the Kincheng Bank and the Continental Emporium in Shanghai. He was also the founder of the Shanghai Architects Association in 1927, which became the China Architects Association one year later, and he was also the first chairman of the association. Zhuang Jun became the chief architect of the East China Architectural Design Institute in 1953 and passed away in Shanghai in 1990, at the age of 102. The author is honored to have been one of his colleagues.

富民路（由北向南）

富民新邨

富民新邨属于新式里弄建筑，沿富民路为三层楼的公寓式住宅，底层为店铺，楼上为公寓。公寓为一梯二户的独立单元，卧室、卫生间、厨房间、储藏室，一应俱全。

弄内四排建筑为三层楼的独立单元，底层为客堂，有花园天井。三层楼的独立单元内，一楼为客厅，层高 3.5 米，二楼为主卧，层高 3.2 米，主卧室内有独立的衣帽间，三楼是主人子女的卧室，也有小型的衣帽间，侧面还有一个独立的北屋可作为书房。北边的底层是厨房，厨房内原有独立的小锅炉用以供暖，室内有直接可以开启的小型垃圾箱。楼梯二、三楼之间有亭子间，可供储物或保姆住宿用，二楼主卧的北侧有卫生间，配有陶瓷铸铁浴缸等三件套。每个楼层都

富民新邨入口

富民新邨全景

有壁炉可供取暖。客厅南边有一个 10 多平方米的小花园，原来花园的大门是由镂空艺术花型装饰的，而现在都是后期制作的三角铁皮简易拼接而成。由于富民新邨是上海建造较早的公寓，现代、时尚、生活方便，也是当年中产阶层乐于居住的地方。新邨属于新式里弄，建筑呈现代主义形式，由于建造年代较早，还有石库门建筑的痕迹。

156 弄 9 号是上海市第九届人大常委会副主任兼财经委员会主任委员、中欧国际工商管理学院创办人李家镐的寓所。当年为创建中欧国际工商管理学院，他夹了个皮包来到设计院商谈项目，由我接待了他。交谈时，他提到中欧国际工商管理学院的远景规划、基地建设和与欧盟的洽谈过程，可谓滔滔不绝。我当时就觉得这位老先生面熟，告别的时候，他递给我一张名片，一看，竟是大名鼎鼎的李家镐。随后在中欧国际工商管理学院建设过程中，我俩交往不断，逐渐成了朋友。他是中欧国际工商管理学院的创办人，如今中欧国际工商管理学院校园里有他的塑像。李先生虽已逝世多年，但一直为人所怀念。

156 弄 16 号是著名水彩画家查寿兴的寓所和工作室。

164 弄 2 号是著名音乐家谭冰若的寓所。他退休后，在 156 弄 4 号底层创立了“冰若艺舍”声乐艺术研究室。

富民新邨沿街立面

裕华新村

从富民新邨出来向南，紧邻的就是富民路182弄裕华新村（1989年入选第一批上海市优秀历史建筑和上海市文物保护单位），是“巨富长”这一地段里最漂亮的一个小区。它由上海裕华银公司投资建造，兴业建筑师事务所设计（三位建筑师徐敬直、杨润均、李惠伯均毕业于美国密歇根大学建筑工程系，于1933年合伙成立了兴业建筑师事务所。他们还曾设计过著名的南京博物院），裕华新村始建于1938年，竣工于1941年。

裕华新村属于后期的新式里弄住宅。新村东半部置有建筑面积和庭院较大的四坡顶耦合式住宅8幢，每四宅为1组，呈田字形布局；而西半部有建筑面积和庭院较小的两坡顶耦合式住宅10幢，东西部共18

裕华新村入口

裕华新村鸟瞰

裕华新村建筑立面

幢，呈行列式布局，所有的住宅全部正面向南，布局规则有序。虽然两种住宅样式和规格不同，但其特点都是采用短进深宽正面的双开间布局，四坡顶住宅进深为 10.5 米，面宽达 10 米，两坡顶住宅进深 8.5 米，宽大于 7.5 米，从而使住宅的采光大大增加，室内更显宽敞明亮。建筑平面布局紧凑，室内空间物布置合理，现代生活设施完备。楼梯间休息平台墙面上开有圆形窗户，对内可增加采光，对外丰富了建筑构图。立面选用泰山面砖及水泥砂浆粉刷装饰，形体错落有致。设计风格在传统花园式别墅的基础上突破了传统，外立面呈现出强烈的现代派风格。

裕华新村建筑密度相对较低，里弄规划宽敞，面临富民路的主路道宽达 7 米，四坡顶住宅的支弄宽 5 米，两坡顶住宅的支弄宽 4.5 米，

裕华新村 • 里弄

以便于小汽车的进出。建筑间距较大，日照和通风良好。户户绿化植物繁茂，加上面向弄堂的花园围墙以铁艺花饰围栏，私人花园空间与弄堂公共空间相互渗透，整个环境恬静优雅。裕华新村是静安区花园里弄的代表性建筑，具有较高的历史文化价值。无论是总体规划还是建筑单体都具有设计美感，是一处极具观赏性的住宅区。

裕华新村有多位历史名人住过，沿富民路的 178 号是全国政协原副主席董寅初的寓所，弄内 17 号是剧作家瞿白音的寓所，弄内 3 号是曾当过上海邮政局局长的李鸿章孙子李国焘的寓所。还有著名书法家高式熊等都在这里居住生活过。

裕华新村北向连接的是富民新邨，而南向紧邻富民路 210 弄，它是富民路南向连接长乐路的最后一条里弄。

裕华新村局部鸟瞰

裕华新村建筑立面

富民路 210 弄

富民路 210 弄（上海市第三批优秀历史建筑）不像其他的里弄都有自己的“大名”，人们都习惯称它为“210 弄”，一讲到“210 弄”就明白是指富民路上这条低调而不失品位的住宅里弄。210 弄由福新烟草工业公司开发，华盖建筑设计事务所设计。从富民路合众图书馆北向 210 弄进去，一条里弄南北两排花园住宅，共 14 栋花园洋房，北向有 9 栋，南向除合众图书馆外有 5 栋。单体为双开间二层（阁楼假三层）英式住宅，南立面西侧开间前凸，山墙露木构架，红瓦双坡顶。东侧屋顶设棚式老虎窗，南侧建筑沿长乐路门牌号自 752 号至 762 号花园围墙高耸，面向东湖路长乐路转角。弄堂内侧建筑风格一致，花园则以铁艺花色栏杆围墙。210 弄也住过许多名人，电影明星程之曾住在该弄的 9 号。叶景葵住的房子前门是长乐路 752 号，而后门是 210 弄 14 号，紧邻合众图书馆。叶先生曾幽默地说，“昔日我为主而书为客，今书为主而我为客”，并自号为“书寄生”。210 弄与叶景葵先生等人创办合众图书馆的情缘分不开，这将永远铭刻在上海的近代历史里。

富民路 210 弄及合众图书馆一带，在 20 世纪之初，上海的美孚石油公司、福特汽车公司等美商提议仿英国的乡村总会建立自己的乡村总会。不久他们就购进了位于沪西法租界杜美路附近一块几十亩的土地，建造了美国乡村总会——哥伦比亚美国乡村俱乐部。1920 年的登记地址是杜美路 50 号。当时，此地离上海郊区较近。可能由于这里的地价后来上升太快的原因，也许这里的地方太狭小，美国人决定把这里的土地卖掉，再到地价更低的远郊买进面

富民路 210 弄延长乐路立面

积更大的土地，建造设施更完善的乡村俱乐部。没多久这个计划就实现了，总会买进了租界外刚开通的大西路（今延安西路）上的 50 亩土地，在那里大兴土木重建了美国的乡村俱乐部，并委托克利洋行，由邬达克主持设计了占地约 2 200 平方米的这一建筑，就是今天的上生・新所哥伦比亚美国乡村俱乐部。之后由张石川、郑正秋等创办的具有影响力的明星影片公司与摄影棚，就建在如今长乐路、富民路西北角的这一大片土地上，包括今天富民路上的 210 弄和裕华新村，并一直延伸到长乐路与东湖路交界处。20 世纪 30 年代之后，才形成了今天的建筑格局。

至此，我们已经围绕“巨富长”走了一圈。

富民路 210 弄鸟瞰

古柏小区

让我们跨过马路，来到富民新邨对面的富民路 197 弄古柏小区。旧时这里称“古拔公寓”，是由四行储蓄会（由盐业银行、金城银行、中南银行、大陆银行四大银行组成）于 1931 年购地 10 亩为本银行职工所建造的公寓，也是由著名建筑师庄俊设计的。古拔小区与其他的新村住宅聚落不同，新村中间有开阔的公共绿化休闲区域，小区中央还设有会所，提供各类生活服务。

里弄内也都是三层连排的新式里弄住宅，这些房屋分别是三个时期建造的，最早建造的一批是砖木结构，但已经有了独用煤卫，这在当时算非常先进了。第二批房子建于 20 世纪 30 年代中期，已经是钢窗地板，混凝土结构。最后一批是弄内 70 号到 74 号的公寓式房屋。最为特殊的是 60 号楼了，是专为四行储蓄会总经理吴鼎昌设计建造的，一些老居民还记得，当年 60 号门口挂着“吴公馆”的横匾。

弄内 69 号是一所立面简洁、富有现代感的建筑，即“福民会馆”，弄内的居民都亲切地称它为“大礼堂”。福民会馆共有 4 层，这里曾是居住区内最重要的建筑，几乎涵盖了社区生活的方方面面，不仅可供演出开会（二层的大礼堂层高就有 5 米），办各类红白喜事，还设有职工俱乐部，包括弹子房、图书馆、棋牌室、医务室、小餐厅、浴室，甚至还有单身职工宿舍，构成四行储蓄会住宅区的“服务中心”。

上海解放后，大约在 20 世纪 50 年代，“福民会馆”被改为古柏小学的礼堂，60 年代以后又被改为生产组服装厂等。

“生产组”是 20 世纪 60 年代在上海各个里弄里非常典型的一种生产方式。上海解放前，生活在这一区域的妇女，结婚后大多是

富民路古柏小区入口

福民会馆

古柏小区建筑立面

照顾家庭而不参加社会工作。新中国成立以后提倡男女平等，呼唤家庭妇女走出家庭面向社会，并且鼓励力所能及地参加生产劳动。为此，上海出现了许多生产组形式的里弄工厂。这些妇女在退休后也都有了退休工资，生活有了保障。这一独特的社会形态反映了社会变革中底层生活模式的转变，“街道里弄工厂”是上海城区历史发展史上不可抹去的一段历史。

从古柏小区出来，向南走不远就看到沿富民路的一栋孟莎式屋顶的建筑（富民路 259 号），这栋建筑又有一段与海上闻人杜月笙有关的传说。据说这里曾是杜月笙的“藏娇”之处，女主人名叫胡慧琪，她虽出身青楼但美貌才艺出众，胡氏在此住了 20 年，直到 1951 年离开上海去了香港。

紧邻着的还有一座孟莎式屋顶的洋房，在二层窗间，有“POLO”的英文标志。这里发生过一个励志故事。20 世纪 80 年代东湖路延平路口，有一个很小的修理自行车摊位，它与在上海各个路口的修理自行车的摊位一样，可谓再普通不过的了。修理摊的师傅姓强，他的确勤奋好强，每天一早工作到深夜。他从修理自行车起家，逐渐发展到修理汽车，后来增加了伙计，有了自己的车行号“保罗”，生意越做越大。1992 年他盘下了富民路上的一个简易的二层小楼，开出了“保罗酒店”。由于他的菜肴很适合上海本地人的口味，加上环境和他的优质服务，于是生意兴隆，发展到 21 世纪初他已经接连盘下了沿街的三栋洋房，在上海餐饮业的名气也越来越大。许多顾客都是从很远的地方慕名而来，用餐需要预订，来了往往还要在门口等座。只可惜天妒英才，强先生在 2018 年就去世了。短短不到 30 年，由一个修车摊位到名扬上海滩的保罗酒店，如此迅速的发展着实使人吃惊，也给后人留下了一个励志的故事。

富民路 259 号

富民路街景

LUCKYMART

巨鹿路小店街景

vintage

富民路小店街景

巨鹿路・富民路口小品

长乐路小店街景

三角花园街景

富民路 · 长乐路口街景

三角花园街景

后　记

百年“巨富长”叙述至此，真可谓是半部上海滩近代史，林林总总，令人眼花缭乱。有些内容未及展开，毕竟还要保护健在者的隐私，还有一些属于传说，依据不足。这里可能不算是上海最美的街区，却是上海最多元、最具有传奇性的街区。

我出生于 1954 年，在 20 世纪 50 年代出生的我们这一代人，经历了时代的巨大变化，务过农、做过工，上了大学，最后又成为一名注册建筑师和企业管理者、社会团体的负责人。我也经历了“土插队”和“洋插队”。在世界上无论走到哪里，在何种环境中生活，梦中都会情不自禁回到那童年和少年成长的地方。

我出生在长乐路南华新邨一栋政府的机关宿舍里，大房子里居住了许多户人家，好不热闹。宅前的大花园是孩子们嬉戏之地，承载着儿时许多欢乐和无尽回忆。花园里笔直冲天的松树，盛开的白玉兰，初夏金黄色的枇杷，以及冬季那迎雪而开的蜡梅，还有我们响应号召，自种的蓖麻、玉米、向日葵及各类植物……忘不了花园里的游戏、纳凉、打井水、听老人讲故事……花园里还记录了时代背景下的“全民抓麻雀”，以及开挖防空洞，爬上屋顶看国庆节的焰火……这里是我们永远都忘不了的童年伊甸园。

里弄是上海城市中最基本的单元，还是孩子们玩耍的天堂。放学后，背着书包从这个同学家串门到那个同学家。平时走街串巷，比大人更能熟悉里弄最便捷的通道，以及我们的左邻右舍。

特别是到了星期天，孩子们在里弄里玩各种各样的游戏，跳绳、“跳房子”、捉迷藏……欢乐的童声充满了生气。大人们在六天工作后唯一的一个休息日里忙碌着家务，小贩走街串巷的叫卖声，那各种声调的吆喝声使里弄里充满了生活的气息，这些都是当年上海里弄令人难以忘怀的场景。

里弄还是最具有上海特征的空间，当你每天回家的时候，从街道（马路）走进了里弄，又从大里弄里拐进了支弄，最后才来到了住房，进入各个楼层温馨的家里。这种丰富的空间层次感，增强了居住建筑的隐私保护度，转入里弄的瞬间，从喧哗的街道进入静谧的氛围，回家的亲切感扑面而来。特别是经过一天劳累的工作之后，回家的氛围是随着层层空间的推进，而越来越感到温馨和亲切……这就是上海里弄特有的一种感觉。

我很庆幸能够在这里出生并成长。对社会的认知，优良的环境固然重要，但更重要的是，随着时间在空间中的流逝，变幻着的时代风云给了我们更多的冲击和思考，耳闻目睹了许多历史人物和相关事件，潜移默化地影响了我们的人生。客观上，在这大约方圆仅 1.2 平方公里区域生活和成长的人，或多或少都会被时空环境打上烙印。城市和建筑的环境就像一个容器，良好的环境和氛围可以塑造一个优秀的人物，塑造一批正直向上的市民。后来得知无论在国内还是国外，在新一代里又涌现出一批新的佼佼者。据不完全统计，生活在这个区域里的，有蜚声中外的高校教授、知名企业的老总，以及厅局级乃至部级等各个岗位上的精英。就是这样一个积淀了百年的人文历史、充满了无限魅力的环境，其内在的精神对我们“原住民”产生了一生的影响。

思来已久，一直想把这些写下来，无奈总是挤不出时间。在前两年的疫情期间，我以一个“原住民”和建筑师的视角，在两个月里写了 3 万字的回忆文字，并以“美篇”的方式在网络上简要地发出，得到了很多邻居和朋友的关注和好评。特别是 2023 年 2 月，在邬达克文化中心做了演讲后，引起了社会各方的关注，《新民晚报》和《新闻晨报》都以整版做了报道，《新闻晨报》更是以“这位老上海要把‘巨富长’著书出版”作为文章的开头，大家希望能够出一本图文并茂的书来介绍这块充满了神秘和魅力的区域，并期待今天的青年人，不仅仅是去那里“打卡”拍照，更应该了解它的发展历史，以百年“巨富长”浓缩的上海精神去迎接新时代的到来。

今天我们经常看到年轻人在此漫步，“巨富长”上的老宅里也换了一批新的业主，此地在新的时代出现了不少时尚而讨人喜爱的小店，入夜时分餐厅酒吧一片喧哗，热闹非凡……

在绿荫红瓦之间，感受这种具有时代气息又有各种文化的氛围，随着时光在建筑空间中的流逝，故事继续在演绎。

在“巨富长”体验“繁花”的同时，更应该静思品味这里的昨天、今天和明天……

最后，感谢本书的合作者摄影师田方方先生，他以专业的精神和孜孜不倦的追求拍下了这些精美的照片，感谢艾侠对整本书的策划和统筹，感谢宋思敏、雷李坤在多次修改过程中给予的帮助，感谢鼓励我的各位亲朋好友，在你们的鼓励下，我才能完成这项任务。

我想把这本书赠送给曾经居住在这一块 1.2 平方公里区域的“原住民”和我们同时代的伙伴们，以帮助大家回忆我们曾经经历过的时代和岁月。记忆不一定都准确，还请大家提出批评和意见。总之，希望“巨富长”的故事能随着历史的发展而得到传承和延续。

2024 年春节

Epilogue

The colourful and varied tales of the Julu-Fumin-Changle Communities in the past century can really be considered a representation of the modern history of Shanghai. I chose not to write down some stories to protect the privacy of the people still alive, and some other tales I have heard were probably rumours without solid evidence. This area is probably not the most beautiful in Shanghai, but it is certainly the most multi-cultural and the most legendary.

I was born in 1954. My generation, born in the 1950s, have gone through profound changes in our times. I have been a farmer, a worker, a university student, and finally a professional architect, a company manager, and the chairman of a social organisation. I have been sent to the rural areas and sent abroad. However, no matter where I live in the world, in my dreams, I will return to where I grew up as a child and a teenager.

I was born in a house converted into a dormitory for governmental employees in Huaxin Village, on the south side of Changle Road. Many families lived in that large house, and everyday life was bustling with noises. The large garden in front of our house was the children's favourite playground and holds my happy memories of childhood. There were so many plants in the garden: straight pine trees, blossoming white jade orchids, loquats that bore numerous fruits in early summer, and wintersweet (lamei) that bloomed in snow, as well as many "useful" plants that we grew ourselves, in response to the state's call for self-reliance: castor oil plants, corn, sunflowers... I can never forget our childish games in the garden, escaping from the summer heat in the shade, the water from the well, and the stories told by elderly residents. The garden also witnessed events of historical importance: the mass movement to catch sparrows in the late 1950s, the construction of air-raid shelters during the Cold War, and the National Day fireworks that we watched from our rooftop... This was the childhood paradise that I can never forget.

Lilong are the most basic urban units in Shanghai, but they are also a paradise for children. After school, the children, with their backpacks, would visit the homes of their classmates, and they would also navigate the streets and alleys while playing games. As a result, children were often more familiar with the topography of the lilong and their neighbours than their parents.

Especially on Sundays, the children would play all sorts of games in the lilong: skipping ropes, hopscotch, hide-and-seek...

The lilong became vibrant with noise. The adults usually tended to their household chores after six days of work. Peddlers called out on the streets to advertise their goods, and their calls filled the lilong with a sense of liveliness. These were all the unforgettable scenes of lilong in old Shanghai.

Lilong are also the most unique urban spaces in Shanghai. Imagine when you come back from work every day, you enter your lilong from the road (maloo), from major alleys to branch alleys, and finally you stand in front of your building and then enter your own home. These layered spaces protected the privacy of the residents and bring a sense of home as soon as you enter the quiet lilong from the noisy roads. Especially after a day's hard work, the sweetness of home increases as you enter smaller and smaller spaces. This is a distinctive feeling of lilong in Shanghai.

I feel privileged to be able to live and grow up here. Good environments are certainly important for shaping one's ideas about society, but more importantly, as time flies, the figures and events that we see and hear implicitly influence our lives. Objectively speaking, people living in this small area of only 1.2 km^2 all bear some marks of this community. The urban and architectural environments are like vessels and can shape good characters and create a group of honest and righteous citizens. I have learned that the younger generation of residents in this area have made new achievements both in China and abroad. To my knowledge, people living here include well-known university professors, bosses of famous companies, and important officials in different government agencies. The inner spirit of this environment, with over a hundred years of history and charm, profoundly influences the lives of the “natives” like me.

I have always thought about writing these down but had no time. During the Covid lockdown, I spent two months writing recollections from the perspectives of a “native” and an architect and posted them on the social media platform “Meipian”. The stories I wrote were welcomed by my neighbours and friends, and after I gave a talk at the László Hudec Centre in February 2023, it attracted attention from a wider audience and was reported by both *Xinmin Evening News* and *Shanghai Morning Post*. The latter even had the report entitled *This “Old Shanghai” Will Publish a book about Julu-Fumin-Changle communities*, and it is obvious that many are looking forward to a book on this charming and enigmatic area, and hope that the young people of today do not only treat the area as a place for taking photos and posting on social media, but also learn the history of the area, and prepare for the new era with the historic spirit of the century-old Julu-

Fumin-Changle communities.

Of course, today we usually see young people taking a stroll in this area, and many old houses in Julu-Fumin-Changle communities now have new owners or residents. In the new era, many new and lovely little shops have sprung up in this area, and, in the evening, it is dominated by the vibrancy of the bars.

People love to enjoy this modern and multicultural atmosphere amidst the lush greens and under the red-tiled roofs. The story goes on as time flies within the distinct architectural spaces.

When experiencing the scenes from “Blossoms Shanghai” in Julu-Fumin-Changle communities, it is perhaps also necessary to meditate on the area’s past, present, and future...

Lastly, I would like to extend my heartfelt gratitude to the photographer Mr. Tian Fangfang, who contributed his professionalism and relentless pursuit to capturing these exquisite photographs. I am also deeply indebted to Ai Xia for his meticulous planning and coordination of this book. My sincere thanks also go to Song Simin and Lei Likun for their invaluable assistance during the numerous revisions. Lastly, I am grateful to all my friends and family who have been a constant source of encouragement. It is with your support that I was able to complete this task.

I would like to give a copy of this book to all the "natives" and my peers who once lived in this 1.2 km^2 area, to remind us of the times we experienced together. Of course, it is impossible for my memories to be entirely accurate, so I welcome all criticisms and suggestions. It is my hope that the story of the Julu-Fumin-Changle Communities will be inherited and perpetuated as time goes on.

Written during the Spring Festival, 2024

参考书目

[1] 赖德霖，伍江，徐苏斌.中国近代建筑史（第二卷）[M].北京：中国建筑工业出版社，2016.

[2] 王绍周.上海近代城市建筑[M].南京：江苏科学技术出版社，1989.

[3] 泰栋，亚平.沙文汉与陈修良[M].宁波：宁波出版社，1999.

[4] 中华人民共和国住房和城乡建设部.中国传统建筑解析与传承（上海卷）[M].北京：中国建筑工业出版社，2017.

[5] 蒋春倩.华盖建筑事务所研究（1931—1952）[D].上海：同济大学，2008.

[6] 上海市规划和自然资源局.海上华章：近代中国建筑师在上海[M].上海：上海科学技术文献出版社，2022.

[7] 薛理勇.薛理勇新说老上海丛书[M].上海：上海书店出版社，2015.